普通高等教育"十三五"规划教材

电气工程、自动化专业规划教材

供配电技术及应用

王燕锋　李润生　主　编

徐　萍　张海刚　周　龙　刘龙舞　副主编

U0304314

电子工业出版社

Publishing House of Electronics Industry

北京·**BEIJING**

内 容 简 介

本书重点介绍供配电技术的基本知识和理论、计算和设计方法，以及供配电领域的新技术。本书重点强调理论知识的实际应用，突出基本概念的理解和掌握，简化公式推导过程，前后知识衔接紧密，表述深入浅出，通俗易懂，易于教学和自学。在实践性较强的章节中，尽量穿插图片帮助学生理解和掌握相关知识。此外，为了便于学生复习和自学，每章都附有习题。为了配合教学和习题的需要，书末附录中给出了常用设备的主要技术数据。

本书可作为本科院校电气工程、电气工程及其自动化等专业的教材，也可以为高职高专电气信息类相关专业的教材，同时可供从事企业供配电工作的工程技术人员参考。

未经许可，不得以任何方式复制或抄袭本书之部分或全部内容。

版权所有，侵权必究。

图书在版编目（CIP）数据

供配电技术及应用 / 王燕锋，李润生主编. —北京：电子工业出版社，2019.12
ISBN 978-7-121-38104-1

Ⅰ. ①供… Ⅱ. ①王… ②李… Ⅲ. ①供电系统－高等学校－教材②配电系统－高等学校－教材 Ⅳ. ①TM72

中国版本图书馆 CIP 数据核字（2019）第 274235 号

责任编辑：孟　宇
印　　刷：北京虎彩文化传播有限公司
装　　订：北京虎彩文化传播有限公司
出版发行：电子工业出版社
　　　　　北京市海淀区万寿路 173 信箱　邮编　100036
开　　本：787×1092　1/16　印张：12.5　字数：347 千字
版　　次：2019 年 12 月第 1 版
印　　次：2024 年 7 月第 7 次印刷
定　　价：39.00 元

凡所购买电子工业出版社图书有缺损问题，请向购买书店调换。若书店售缺，请与本社发行部联系，联系及邮购电话：（010）88254888，88258888。

质量投诉请发邮件至 zlts@phei.com.cn，盗版侵权举报请发邮件至 dbqq@phei.com.cn。

本书咨询联系方式：mengyu@phei.com.cn。

前　　言

供配电技术是电气工程及其自动化专业的一门重要专业课程。通过对本课程的学习，学生可以初步掌握电气设备的操作与维护、供配电系统的安全运行及管理的基本知识，为将来从事供配电系统相关工作奠定良好的基础。

本书主要内容包括：概论，电力负荷计算，短路电流及其计算，变配电所及其一次回路，电气设备的选择，电力线路，供配电系统的继电保护，供配电系统的二次回路和自动装置，电气安全、防雷与接地等。

本书由湖州师范学院、辽宁科技学院等高校与本溪钢铁集团公司联合编写，由湖州师范学院副教授王燕锋，辽宁科技学院副教授李润生担任主编；由本溪钢铁集团高级工程师、山东华宇工学院徐萍，上海应用技术大学副教授张海刚，西藏农牧学院电气工程系讲师周龙，南京工业大学浦江学院讲师刘龙舞担任副主编。王燕锋负责全书的统稿，并编写第 1、2、3 章；李润生编写第 4、7、9 章；徐萍编写第 6 章；张海刚编写第 5 章；周龙和刘龙舞共同编写第 8 章；硕士生孙晓玥做了部分习题的整理工作。

本书在编写的过程中，参考和引用了许多业内同仁的优秀成果，在此向相关作者表示诚挚的感谢！同时，由于编者水平有限，书中难免存在不妥和疏漏之处，恳请广大读者批评和指正。意见请发送邮件至 neu2009wyf@163.com。

编　者

2019 年 10 月

目　　录

第1章 概论

供配电系统是电力系统的重要组成部分。电力系统及供配电系统的基本概念、电力系统的额定电压、电力系统中性点运行方式、电能质量指标，是学习供配电系统的基础。

1.1 电力系统与供配电系统的基本概念

电能是当今人们生产和生活的重要能源，易由其他形式的能源转换而来。电能的输送和分配既简单经济，又便于控制、调节和测量，有利于实现生产过程自动化。因此，电能在工业、农业、国防、军事、科技、交通及人们生活等领域被广泛应用。

供配电系统是电力系统的重要组成部分，其任务是向用户和用电设备供应和分配电能。用户所需的电能绝大多数是由公共电力系统供给的，故在介绍供配电系统前，先介绍电力系统的基本知识。

1.1.1 电力系统

由发电厂、电力线路、变电所和电能用户组成的发电、输电、变电、配电和用电的整体，称为电力系统，如图 1-1 所示。图 1-2 为大型电力系统示意图。

图 1-1 电力系统

电力系统中各级电压的电力线路及其联系的变电所，称为电力网或电网。习惯上，电网或系统往往以电压等级来区分，如 10kV 电网或 10kV 系统、110kV 电网或 110kV 系统等电力系统加上发电厂的动力部分及其热能系统的热能用户，称为动力系统。为了充分利用动力资源，降低发电成本，发电厂往往远离城市和电能用户，例如，火力发电厂大多建在靠近一次能源的地区，水力发电厂一般建在水利资源丰富的地区，核能发电厂选址则受到很多条件的限制。因此，需要输送和分配电能，将发电厂发出的电能经过升压、输送、降压和分配，最后送到用户。

1. 发电厂

发电厂是将自然界蕴藏的各种一次能源转换为电能（二次能源）的工厂。常见的有水力发电厂、火力发电厂、核能发电厂、风力发电厂、地热发电厂和太阳能发电厂等。表 1-1 介绍了几种常见的发电厂类型及主要特征。

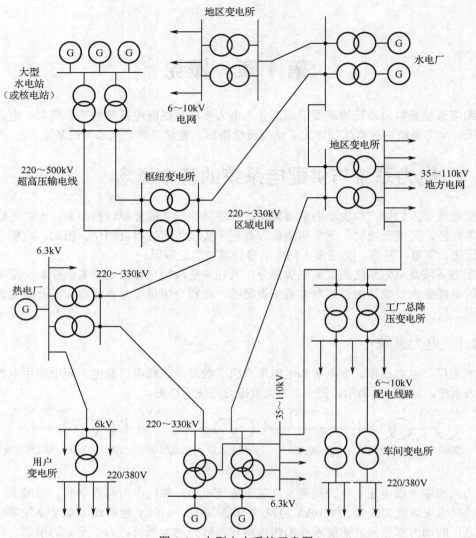

图 1-2　大型电力系统示意图

表 1-1　几种常见的发电厂类型及主要特征

类　　型	能量来源	工作原理	能量转换过程	优　　点	缺　　点
水力发电厂	水流的上下水位差（落差），即水流的位能	当控制水流的闸门打开时，水流沿进水管进入水轮机蜗壳室，冲动水轮机，带动发电机发电	水流位能→机械能→电能	清洁，环保，发电效率高，成本低，综合价值高	建设初期投资高，建设周期长
火力发电厂	燃料燃烧产生的化学能	将锅炉内的水烧成高温、高压的蒸汽，推动汽轮机转动，使与它连轴的发电机旋转发电	燃料的化学能→热能→机械能→电能	建设周期短，工程造价低，投资回收快	发电成本高，污染环境
核能发电厂	原子核的裂变能	与火电厂基本相同，只是以核反应堆代替了燃煤锅炉，以少量的核燃料代替了大量的煤炭	核裂变能→热能→机械能→电能	安全，清洁，经济，燃料费用所占的比例较低	投资成本高，会产生放射性废料，不适宜做尖峰、离峰随载运转

类　型	能量来源	工　作　原　理	能量转换过程	优　点	缺　点
风力发电厂	风力的动能	利用风力带动风车叶片旋转，再通过增速机将旋转的速度提升，进而促使发电机发电	风力的动能→机械能→电能	清洁，廉价，可再生，取之不尽	需有蓄电装置，造价高
地热发电厂	地球内部蕴藏的大量地热能	基本与火力发电的原理一样。不同的是利用的能源是地热能（天然蒸汽和热水）	地下热能→机械能→电能	无须消耗燃料，运行费用低	热效率不高，需要对所排热水进行环保处理
太阳能发电厂	太阳光能或太阳热能	通过太阳能电池板等直接将太阳的辐射能转换为电能	太阳的辐射能→电能	安全，经济，环保，取之不尽	效率低，成本高，稳定性差

目前世界各国建立的电力系统越来越庞大，甚至出现了跨国的电力系统或联合电网。我国规划在水电、火电、核电和新能源合理利用和开发的基础上，加强风能和太阳能的开发和建设，并形成全国联合电网，实现电力资源在全国范围内的合理配置和可持续发展。

2．变电所（配电所）

变电所的功能是接收电能、变换电压和分配电能。为了实现电能的远距离输送和将电能分配到用户，需将发电机电压进行多次电压变换，这个任务由变电所完成。变电所由电力变压器、配电装置和二次装置等构成。按变电站的性质和任务不同，可以分为升压变电所和降压变电所。按变电所的地位和作用不同，又分为枢纽变电所、地区变电所和用户变电所。仅用于接收电能和分配电能的场所称为配电所，而用于交流电流与直流电流相互转换的场所称为换流站。

3．电力线路

电力线路将发电厂、变电所和电能用户连接起来，完成输送电能和分配电能的任务。电力线路有各种不同的电压等级：通常将 220kV 及以上的电力线路称为输电线路；110kV 及以下的电力线路称为配电线路；交流 1000kV 及以上和直流 ±800kV 及以上的输电线路称为特高压输电线路；220～800kV 输电线路称为超高压输电线路。配电线路又分为高压配电线路、中压配电线路和低压配电线路，前者一般作为城市配电网和特大型企业供电线路，中者一般作为城市主要配电网和大中型企业供电线路，后者一般作为城市和企业的低压配电网。

除上述交流输电线路外，还有直流输电线路。直流输电线路主要用于远距离输电，连接两个不同频率的电网和向大城市供电。直流输电线路具有线路造价低，损耗小，调节和控制迅速、简便及无稳定性问题等优点，但其换流站造价高。

4．电能用户

电能用户又称电力负荷，所有消耗电能的用电设备或用电单位均称为电能用户。电能用户按行业可分为工业用户、农业用户、市政商业用户和居民用户等。

1.1.2　供配电系统

企业内部供配电系统由高压和低压配电线路、变电所（或配电所）及用电设备构成。它通常是由电力系统或企业自备发电厂供电的。

一般中型企业的电源进线电压为 6～10kV。电能先经高压配电所集中，再由高压配电线路将电能分送到各车间变电所，或由高压配电线路直接供给高压用电设备。车间变电所内装设有配电变压器，将 6～10kV 的电压降为低压用电设备所需的电压（如 220/380V），然后由低压配电线路将电能分送给各用电设备使用。图 1-3 所示的是典型的中型企业的供电系统。

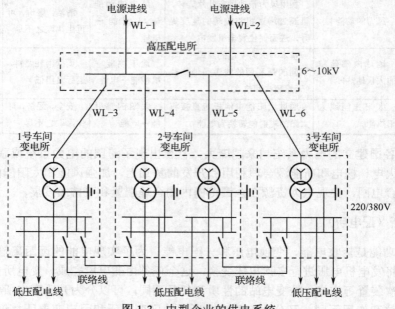

图 1-3　中型企业的供电系统

1.1.3　对供配电系统的基本要求

做好供配电工作，对于促进工业生产、降低产品成本、实现生产自动化和工业现代化及保障人民生活有着十分重要的意义。对供配电系统的基本要求如下。

（1）安全。在电能的供应、分配和使用中，不应发生人身事故和设备事故。

（2）可靠。应满足电能用户对供电可靠性（即连续供电）的要求。

（3）优质。应满足电能用户对电压和频率等质量的要求。

（4）经济。供电系统的投资要少，运行费用要低，并尽可能地节约电能和减少有色金属的消耗量。

1.2　电力系统的额定电压

电力系统中的所有电气设备都是在一定的电压下工作的。额定电压是使电气设备长期运行经济效果最好的电压，是国家根据国民经济发展的需要、电力工业的水平和发展趋势，经全面技术经济分析后确定的。

按照国家标准规定，我国三相交流电网和电力设备的额定电压如表 1-2 所示。表 1-2 中变压器一、二次绕组的额定电压是根据我国生产的电力变压器标准产品规格确定的。

表 1-2　我国三相交流电网和电力设备的额定电压

分类	电网额定电压/kV	发电机额定电压/kV	电力变压器额定电压/kV	
			一次绕组	二次绕组
低压	0.38	0.40	0.38	0.40
	0.66	0.69	0.66	0.69
高压	3	3.15	3 及 3.15	3.15 及 3.3
	6	6.3	6 及 6.3	6.3 及 6.6
	10	10.5	10 及 10.5	10.5 及 11
	—	13.8，15.75，18，20，22，24，26	13.8，15.75，18，20，22，24，26	—
	35	—	35	38.5
	66	—	66	72.6
	110	—	110	121
	220	—	220	242
	330	—	330	363
	500	—	500	550
	750	—	750	825（800）
	1000	—	1000	1000

1．线路（电网）的额定电压

由于线路运行时（有电流通过）要产生电压降，因此线路上各点的电压都略有不同，如图 1-4 中虚线所示。由于线路始端比末端电压高，因此供电线路的额定电压采用始端电压和末端电压的算术平均值，这个电压也就是电网的额定电压。

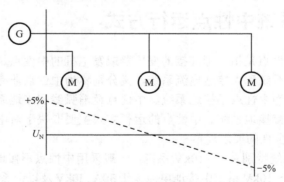

图 1-4　用电设备与发电机额定电压的说明

电网的额定电压是确定各类电力设备额定电压的基本依据。

2．用电设备的额定电压

由于线路上各点的电压都略有不同，因此成批生产的用电设备，其额定电压不可能按使用处线路的实际电压来制造，而只能按线路首端与末端的平均电压（即电网的额定电压）来制造。规定用电设备的额定电压与同级电网的额定电压相同。

3．发电机的额定电压

由于电力线路允许的电压偏差一般为±5%，即整个线路允许存在 10%的电压损失值，因此为了使线路的平均电压保持在额定值，线路首端（电源端）的电压可较线路额定电压高 5%，而线路末端则可较线路额定电压低 5%，如图 1-4 所示。规定发电机的额定电压高于同级电网额定电压的 5%。

4．电力变压器的额定电压

（1）电力变压器一次绕组的额定电压。

当变压器直接与发电机相连时，如图 1-5 中的变压器 T1，其一次绕组额定电压应与发电机额定电压相同，即高于同级电网额定电压的 5%。

当变压器不与发电机相连而是连接在线路上时，可以将图 1-5 中的变压器 T2 看成线路的用电设备，因此其一次绕组额定电压应与电网额定电压相同。

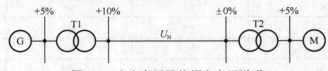

图 1-5　电力变压器的额定电压说明

（2）电力变压器二次绕组的额定电压。

当变压器二次侧供电线路较长（如 35kV 及以上线路）时，图 1-5 中的变压器 T1 的二次绕组额定电压应比相连线路的额定电压高 10%，其中 5%是用于补偿变压器满负荷运行时绕组内部的电压降，另外 5%用于补偿线路上的电压降。

当变压器二次侧供电线路不长（如 10kV 及以下线路，或直接供电给用电设备）时，图 1-5 中的变压器 T2 的二次绕组额定电压只需高于所连电网额定电压的 5%，这时仅考虑补偿变压器满负荷运行时绕组内部 5%的电压降。

1.3　电力系统中性点运行方式

三相交流系统的中性点是指星形连接的变压器或发电机的中性点。中性点的运行方式主要分为两类：小接地电流系统和大接地电流系统，又分别称为中性点非有效接地系统和中性点有效接地系统，前者又分为中性点不接地系统、中性点经消弧线圈接地系统和中性点经电阻接地系统，后者为中性点直接接地系统。中性点的运行方式主要取决于对电气设备绝缘水平的要求及供电可靠性和运行安全性的要求。

我国的 3～66kV 系统特别是 3～10kV 系统，一般采用中性点不接地的运行方式。若单相接地电流大于一定数值（3～10kV 系统中接地电流大于 30A、20kV 及以上系统中接地电流大于 10A）时，则应采用中性点经消弧线圈接地的运行方式。我国 110kV 及以上的系统都采用中性点直接接地的运行方式。

1.3.1　中性点不接地的电力系统

图 1-6 是中性点不接地的电力系统在正常运行时的电路图和相量图，为讨论问题简化起见，假设如图 1-6(a)所示三相系统的电源电压和线路参数（R、L、C）都是对称的，而且将各相与地

之间存在的分布电容用一个集中电容 C 来表示。各相间存在的电容对所讨论的问题无影响因此予以略去。

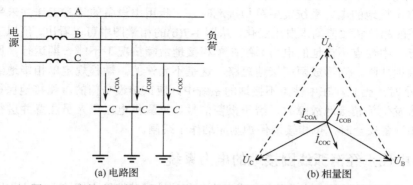

(a) 电路图 　　　　　(b) 相量图

图 1-6　中性点不接地的电力系统在正常运行时的电路图和相量图

系统正常运行时，三相的相电压 $\dot{U}_A$、$\dot{U}_B$、$\dot{U}_C$ 都是对称的，三相对地电容电流分别为 $\dot{I}_{COA}$、$\dot{I}_{COB}$ 和 $\dot{I}_{COC}$，其相量和为零，即没有电流在地中流动。各相对地的电压等于各相的相电压。

系统发生单相接地时，如 C 相单独接地，如图 1-7(a)所示。这时 C 相对地电压为零，而 A 相对地电压 $\dot{U}'_A = \dot{U}_A + (-\dot{U}_C) = \dot{U}_{AC}$，B 相对地电压 $\dot{U}'_B = \dot{U}_B + (-\dot{U}_C) = \dot{U}_{BC}$，如图 1-7(b)所示。由图 1-7(b)可见，C 相接地时，完好的 A、B 两相对地电压都由原来的相电压升高到线电压，即升高为原对地电压的 $\sqrt{3}$ 倍。

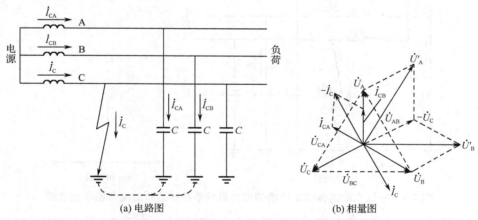

(a) 电路图 　　　　　(b) 相量图

图 1-7　单相接地时的中性点不接地的电力系统

C 相接地时，系统的接地电流（电容电流）$\dot{I}_C$ 应为 A、B 两相对地电容电流之和。由于一般习惯将从电源到负荷的方向及从相线到大地的方向取为电流的参考方向，因此

$$\dot{I}_C = -(\dot{I}_{CA} + \dot{I}_{CB}) \tag{1-1}$$

由图 1-7(b)的相量图可知，$\dot{I}_C$ 在相位上正好超前 $\dot{U}_C$ 90°；而在数值上，由于 $I_C = \sqrt{3}I_{CA}$，而 $I_{CA} = \dfrac{U'_A}{X_C} = \dfrac{\sqrt{3}U_A}{X_C} = \sqrt{3}I_{CO}$，因此

$$I_C = 3I_{CO} \tag{1-2}$$

即单相接地的接地电流为正常运行时每相对地电容电流的 3 倍。I_C 通常采用经验公式来确定，需要时可查阅相关资料。

当系统发生不完全接地（即经过一些接触电阻接地）时，故障相的对地电压值将大于零而小于相电压，而其他完好相的对地电压值则大于相电压而小于线电压，接地电容电流 I_C 值也略小。

当中性点不接地的电力系统发生单相接地时，三相用电设备的正常工作并未受到影响，这是因为线电压的相位和数值均未发生变化，从图 1-7(b) 的相量图中可以看出，所以三相用电设备仍能照常运行。中性点不接地的电力系统在单相接地故障情况下不能长期运行，原因是如果再有一相发生接地故障，则形成两相接地短路，这是不允许的。规程规定单相接地继续运行时间不得超过 2 小时。因此，在中性点不接地的系统中，应该装设专门的单相接地保护或绝缘监视装置，在系统发生单相接地故障时，给予报警信号，提醒供电值班人员注意并进行及时处理。当危及人身和设备安全时，单相接地保护则应动作于跳闸。

1.3.2 中性点经消弧线圈接地的电力系统

在上述中性点不接地的电力系统中，当发生单相接地时若接地电流较大，则将出现断续电弧，这可能使线路发生电压谐振现象。由于电力线路既有电阻和电感又有电容，因此在线路发生单相弧光接地时，可能形成 RLC 的串联谐振电路，从而使线路上出现危险的过电压（可达相电压的 2.5～3 倍），可能导致线路上绝缘薄弱地点的绝缘击穿。为了防止单相接地时接地点出现断续电弧，引起过电压，在单相接地电容电流大于一定值（如前所述）的电力系统中，中性点必须采取经消弧线圈接地的运行方式。图 1-8 为中性点经消弧线圈接地的电力系统单相接地时的电路图和相量图。

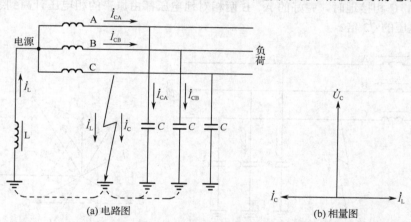

(a) 电路图　　　　　　　　　　　　　(b) 相量图

图 1-8　中性点经消弧线圈接地的电力系统单相接地时的电路图和相量图

消弧线圈实际上就是铁芯线圈，其电阻很小，感抗很大。当系统发生单相接地时，流过接地点的电流是接地电容电流 I_C 与流过消弧线圈的电感电流 I_L 之和。由于 I_C 超前 $\dot{U}_C$ 90°，而 I_L 滞后 $\dot{U}_C$ 90°，因此 I_L 与 I_C 在接地点互相补偿。当 I_L 与 I_C 的量值差小于发生电弧的最小电流（称为最小起弧电流）时，电弧就不会发生，也就不会出现谐振过电压现象。

消弧线圈对电容电流的补偿有 3 种方式：全补偿 $I_L=I_C$，欠补偿 $I_L<I_C$，过补偿 $I_L=I_C$。实际上都采用过补偿，以防止由于全补偿引起的电流谐振，而损坏设备或欠补偿由于部分线路断开而造成全补偿。

在中性点经消弧线圈接地的三相系统中，与中性点不接地的系统一样，允许在发生单相接地故障时（一般规定为两小时）继续运行。在此时间内，应积极查找故障，在暂时无法消除故障时，应设法将负荷转移到备用线路上去。若发生单相接地危及人身和设备安全时，则应动作于跳闸。

对于中性点经消弧线圈接地的电力系统，在单相接地时，其他两相对地电压也要升高到线电压，即升高为原对地电压的 $\sqrt{3}$ 倍。

1.3.3 中性点直接接地的电力系统

图 1-9 为中性点直接接地的电力系统发生单相接地故障的电路图。中性点直接接地系统发生单相接地故障时，通过接地中性点形成单相短路。单相短路电流 $I_k^{(1)}$ 比线路的正常负荷电流大得多，因此在系统发生单相短路时保护装置应动作于跳闸，切除短路故障，使系统的其他部分恢复正常运行。

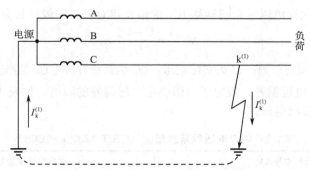

图 1-9　中性点直接接地的电力系统发生单相接地故障的电路图

中性点直接接地的系统发生单相接地时，其他两个完好相的对地电压不会升高，这与上述中性点不直接接地的系统不同。因此，凡是中性点直接接地系统中的供用电设备，其绝缘只需按相电压考虑，而无须按线电压考虑。这对 110kV 及以上的超高压系统是很有经济技术价值的。因为高压电器特别是超高压电器，其绝缘问题是影响电器设计和制造的关键问题。电器绝缘要求的降低，直接降低了电器的造价，同时改善了电器的性能。因此我国 110kV 及以上的高压、超高压系统的电源中性点通常都采取直接接地的运行方式。在低压配电系统中，均采用中性点直接接地的运行方式，在发生单相接地故障时，一般能使保护装置迅速动作，切除故障部分。

1.3.4 中性点经电阻接地的电力系统

中性点经电阻接地，按接地电流大小又分为中性点经高电阻接地和中性点经低电阻接地。

（1）中性点经高电阻接地

中性点高经电阻接地方式以限制单相接地电流为目的，电阻值一般为数百至数千欧姆。中性点经高电阻接地系统可以消除大部分谐振过电压，对单相间隙弧光接地过电压有一定的限制作用，但对系统绝缘水平要求较高，主要用于发电机回路，有些大型发电机的中性点采用经高电阻接地方式，以提高运行的稳定性。

（2）中性点经低电阻接地

城市 6～35kV 配电网络主要由电缆线路构成，其单相接地故障电流较大，可达 100～1000A，若采用中性点经消弧线圈接地方式，则无法完全消除接地故障点的电弧和抑制谐振过电压，故采用中性点经低电阻接地方式。该方式具有切除单相接地故障快、过电压水平低的优点。

中性点经低电阻接地方式适用于以电缆线路为主，不容易发生瞬时性单相接地故障且系统电容电流较大的城市电网，以及发电厂用电系统和企业配电系统。

1.4　电能质量指标

电力系统的电能质量是指电压、频率和波形的质量。电能质量指标主要包括电压偏差、电压波动、闪变、三相电压不平衡、频率偏差和谐波等。

1.4.1 电压质量指标

电压质量是以电压偏差、电压波动、闪变和三相电压不平衡等指标来衡量的。

1. 电压偏差

电压偏差是实际运行电压对系统标称电压的偏差相对值，一般以百分数表示，即

$$\Delta U\% = \frac{U - U_N}{U_N} \times 100 \qquad (1\text{-}3)$$

其中，$\Delta U\%$ 为电压偏差百分数；U 为实际电压；U_N 为系统标称电压（额定电压）。GB/T 12325—2008《电能质量 供电电压偏差》规定了我国供电电压偏差的限值，如表 1-3 所示。供电电压是指供电点处的线电压或相电压。

表 1-3 供电电压偏差的限值（GB/T 12325—2008）

系统标称电压/kV	供电电压偏差的限值/%
≥35 三相（线电压）	正、负偏差绝对值之和
≤20 三相（线电压）	±7
0.22 单相（相电压）	+7、−10

注：若供电电压偏差均为正偏差或均为负偏差，则以较大的偏差绝对值作为衡量依据。对供电点短路容量较小且供电距离较长及供电电压偏差有特殊要求的用户，由双方协商确定。

当用电设备端子电压实际值偏离额定值时，其性能将受到影响，影响的程度视电压偏差的大小而定。在正常运行情况下，用电设备端子电压偏差限值应符合表 1-4 的要求。

表 1-4 用电设备端子电压偏差的限值（GB 50052—2009）

名　称	供电电压偏差的限值/%
电动机	±7
照明	
一般工作场所	±5
远离变电所的小面积一般工作场所	+5、−10
应急照明、道路照明和警卫照明	+5、−10

2. 电压波动和闪变

（1）电压波动。电压波动是指电压方均根值（有效值）一系列的变动或连续的变化。它是波动负荷（生产或运行过程中从电网中取用快速变动功率的负荷，如炼钢电弧炉、轧机、电弧焊机等）引起的电压的快速变动。电压波动程度用电压变动和电压变动频度衡量，并规定了电压波动的限值。

电压变动 d 是以电压方均根值变动的时间特性曲线上相邻两个极值电压最大值 U_{max} 与电压最小值 U_{min} 之差，与系统标称电压 U_N 比值的百分数表示，即

$$d = \frac{U_{max} - U_{min}}{U_N} \times 100\% \qquad (1\text{-}4)$$

电压变动频度 r 是指单位时间内电压波动的次数（电压由大到小或由小到大各算一次变动），一般以次/h 作为电压变动频度的单位。对于同一方向的若干次变动，若间隔时间小于 30ms，则算一次变动。

GB/T 12326—2008《电能质量 电压波动和闪变》对电压变动限值做了规定，电力系统公共连接点处（电力系统中一个以上用户的连接处）由波动负荷产生的电压变动限值与电压变动频度和电压等级有关，详见表 1-5。

表 1-5 电压变动限值（GB/T 12326—2008）

电压变动频度 r / （次/h）	电压变动限值 d/%	
	LV（U_N≤1kV），LV（1kV<U_N≤35kV）	HV（35kV<U_N≤220kV）
r≤1	4	3
1<r≤10	3*	2.5*
10<r≤100	2	1.5
100<r≤1000	1.25	1

注：① 很小的变动频度（每日小于一次），电压变动限值还可以放宽，但不在本标准中规定。
② 对于随机性不规则的电压波动，如电弧炉负荷引起的电压波动，表中标有"*"为其限值。
③ 对于 220kV 以上的超高压（EHV）系统的电压波动限值可参照高压（HV）系统执行。

（2）电压闪变。电压闪变是电压波动在一段时间内的累计效果，它通过灯光照度不稳定造成的视觉感受来反映。电压闪变程度主要用短时间闪变值和长时间闪变值来衡量，并规定了闪变的限值。短时间闪变值 P_{st} 是衡量短时间（若干分钟）内闪变强弱的一个统计值，短时间闪变值的基本记录周期为 10min。长时间闪变值 P_{lt} 是由短时间闪变值 P_{st} 推算出来的，它是反映长时间（若干小时）闪变强弱的量值，长时间闪变值的基本记录周期为 2h。

GB/T 12326—2008《电能质量-电压波动和闪变》对电压闪变限值做了如下规定。

① 电力系统公共连接点处，在系统正常运行的较小方式下，以一周（168h）为周期，所有的长时间闪变限值 P_{lt} 都应满足表 1-6 闪变限值的要求。

② 任何一个波动负荷用户在电力系统公共连接点单独引起的闪变，一般应满足的要求，包括 LV 和 MV 用户的闪变限值见表 1-7；对于 HV 用户，需要满足 $(\Delta S / S_{PCC})_{max} < 0.1\%$；对于单个波动负荷用户，需要满足 $P_{lt} < 0.25$。

表 1-6 闪变限值（GB/T 12326—2008）

P_{lt}	
≤110kV	>110kV
1	0.8

表 1-7 LV 和 MV 用户的闪变限值（GB/T 12326—2008）

r/（次/min）	$K = (\Delta S / S_{PCC})_{max}$ /%
r<10	0.4
10≤r≤200	0.2
200<r	0.1

3. 三相电压不平衡

在三相交流系统中，若三相电压的幅值不等或相位差不为 120°，则称为三相电压不平衡。不平衡的三相电压用对称分量法可分解为正序分量、负序分量和零序分量。三相电压不平衡会引起旋转电机的附加发热和振动，使变压器容量得不到充分利用，并对通信系统产生干扰。

三相电压不平衡度用电压负序基波分量 U_2 或零序基波分量 U_0 与正序基波分量 U_1 的百分比表示，即负序电压不平衡度 ε_{U_2} 为

$$\varepsilon_{U_2} = \frac{U_2}{U_1} \times 100\% \qquad (1\text{-}5)$$

零序电压不平衡度 ε_{U_0} 为

$$\varepsilon_{U_0} = \frac{U_2}{U_1} \times 100\% \qquad (1\text{-}6)$$

GB/T 15543—2008《电能质量 三相电压不平衡》规定：

（1）电力系统的公共连接点电压不平衡度限值为：电网正常运行时，负序电压不平衡度不超过 2%，运行时间较短时不得超过 4%。低压系统零序电压不平衡度限值暂不做规定，但各相电压必须满足 GB/T 12325 的要求。

（2）接于公共连接点的每个用户引起该点负序电压不平衡度允许值一般为 1.3%，短时不得超过 2.6%。

1.4.2　频率质量指标

目前，世界上电网的额定频率有两种：50Hz 和 60Hz。欧洲、亚洲等大多数地区采用 50Hz，北美采用 60Hz，我国采用的额定频率为 50Hz。GB/T 15945《电能质量 电力系统频率偏差》规定了我国电力系统频率偏差的限值，相关规定如下。

（1）电力系统正常运行条件下频率偏差限值为±0.2Hz。当系统容量较小时，偏差限值可以放宽到±0.5Hz。

（2）冲击负荷引起的系统频率变化为±0.2Hz，根据冲击负荷的性质、大小及系统的条件系统频率可适当变动，但应保证近区电力网、发电机组和用户的安全、稳定运行以及正常供电。

1.4.3　波形质量指标

供电电力系统中，由于有大量非线性负荷，其电压、电流波形不是正弦波形，而是不同程度畸变的非正弦波。非正弦波通常是周期性交流量，含基波和各次谐波。对周期性交流量进行傅立叶级数分解，得到频率与工频相同的分量，称为基波；得到频率为基波频率整数倍的分量，称为谐波；得到频率为基波频率非整数倍的分量，称为间谐波。

波形的质量指标是以谐波电压含有率、间谐波电压含有率和电压波形畸变率来衡量的。GB/T 14549—1993《电能质量 公共电网谐波》规定了我国公用电网谐波电压含有率应不大于表 1-8 的限值。

表 1-8　公用电网谐波电压（相电压）含有率限值（GB/T 14549—1993）

电网额定电压/kV	电压总谐波畸变率/%	各次谐波电压含有率/%	
		奇次	偶次
0.38	5.0	4.0	2.0
6、10	4.0	3.2	1.6
35、66	3.0	2.4	1.2
110	2.0	1.6	0.8

GB/T 12326—2008《电能质量-公共电网间谐波》规定了我国 220kV 及以下电力系统公共连接点（PCC）各次间谐波电压含有率应不大于表 1-9 的限值。

表 1-9　间谐波电压含有率限值（%）（GB/T 24337—2009）

电压等级	频率/Hz	
	<100	100～800
1000V 及以下	0.2	0.5
1000V 以上	0.16	0.4

本章小结

电力系统是由发电厂、电力线路、变电所和电能用户组成的发电、输电、变电、配电和用电的整体。对电力系统的基本要求是：安全、可靠、优质和经济。

额定电压是指用电设备处于最佳运行状态的电压。我国规定了电网和用电设备的额定电压、发电机的额定电压和电力变压器的额定电压。

按中性点运行方式，电力系统分为中性点不接地系统、中性点经消弧线圈接地系统、中性点经电阻接地系统、中性点直接接地系统。中性点的运行方式主要取决于对电气设备绝缘水平的要求及供电可靠性和运行安全性的要求。

电能质量指标主要包括电压偏差、电压波动、闪变及三相电压不平衡、频率偏差和谐波等。

习题 1

1. 什么是发电厂？目前在我国应用最广泛的发电厂有哪几种？

2. 什么是电力系统？什么是动力系统？

3. 对电力系统的基本要求是什么？

4. 发电机的额定电压、用电设备的额定电压和变压器额定电压是如何规定的？为什么这样规定？

5. 三相交流电力系统的电源中性点有哪些运行方式？中性点不直接接地的电力系统与中性点直接接地的电力系统在发生单相接地时各有什么特点？

6. 中性点不接地的电力系统在发生一相接地时有什么危险？中性点经消弧线圈接地后，如何能消除单相接地故障点的电弧？

7. 试确定如图 1-10 所示的供电系统中变压器 T1 和线路 WL1、WL2 的额定电压。

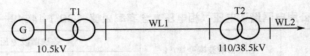

图 1-10　题 7 图

8．试确定如图 1-11 所示的供电系统中发电机和所有变压器的额定电压。

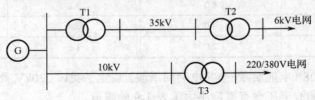

图 1-11　题 8 图

9．画出中性点不接地系统 A 相发生单相接地时的相量图。

10．衡量电力系统电能质量的三个重要指标是什么？具体包括哪些内容？

11．什么叫电压偏移、电压波动及电压闪变？如何计算电压偏移和电压波动？

第2章 电力负荷计算

电力负荷计算是正确选择供配电系统中导线、开关电器、变压器等设备的前提和基础，也是保障供配电系统安全可靠运行必不可少的环节。

2.1 电力负荷的分类

用户有各种用电设备，其工作特性和重要性各不相同，对供电的可靠性和供电质量的要求也不同。因此应对电力负荷进行分类，以满足负荷对供电可靠性的要求，进而保证供电质量，降低供电成本。

2.1.1 按对供电可靠性要求的负荷分类

我国将电力负荷按其对供电可靠性的要求及中断供电对人身安全、经济损失所造成的影响程度划分为三级。

1. 一级负荷

一级负荷是指中断供电将造成人身伤亡并且在经济上造成重大损失的负荷，如重大设备损坏、重大产品报废、用重要原料生产的产品大量报废、国民经济中重点企业的连续生产过程被打乱需要长时间才能恢复等；中断供电将影响具有重大政治、经济影响的用电单位的正常工作的负荷，如重要交通枢纽、重要通信枢纽、重要宾馆、大型体育场馆、经常用于国际活动的大量人员集中的公共场所等；在一级负荷中，中断供电将发生中毒、爆炸和火灾等情况的负荷，以及特别重要场所不允许中断供电的负荷，应视为特别重要的负荷，如中压及以上的锅炉给水泵、大型压缩机的润换油泵等。

一级负荷应由两个独立电源供电。所谓独立电源就是指当一个电源发生故障时，另一个电源不会同时受到损坏。另外，在一级负荷中特别重要的负荷，除上述两个独立电源外，还必须增设应急电源。

2. 二级负荷

二级负荷是指中断供电将在经济上造成较大损失并且将影响较重要用电单位正常工作的负荷，如主要设备损坏、大量产品报废、连续生产过程被打乱需较长时间才能恢复、重点企业大量减产等；中断供电将造成大型影剧院、大型商场等较多人员集中的重要公共场所秩序混乱的负荷。

二级负荷应由两回线路供电，在负荷较小或地区供电条件较差时，二级负荷可由一回线路或6kV及以上专用的架空线路供电。

3. 三级负荷

三级负荷是指既不属于一级负荷和又不属于二级负荷的其他负荷。对一些非连续性生产的中小型企业，停电仅影响这些企业的产量及一般民用建筑的电力负荷，这些负荷等均属三级负荷。三级负荷对供电电源没有特殊要求。

2.1.2　按工作制的负荷分类

1．连续工作制负荷

连续工作制负荷是指长时间连续工作的用电设备，其特点是负荷比较稳定，连续工作发热使其达到热平衡状态，其温度达到稳定温度。用电设备大都属于这类设备，如泵类、通风机、压缩机、电炉、运输设备、照明设备等。

2．短时工作制负荷

短时工作制负荷是指工作时间短、停歇时间长的用电设备，其运行特点为工作时的温度达不到稳定温度，停歇时的温度降到环境温度。此类负荷在用电设备中所占比例很小，如机床的横梁升降、刀架快速移动的电动机、闸门的电动机等。

3．反复短时工作制负荷

反复短时工作制负荷是指时而工作、时而停歇、反复运行的设备，其运行特点为工作时的温度达不到稳定温度，停歇时的温度无法降到环境温度，如起重机、电梯、电焊机等。反复短时工作制负荷可用负荷持续率（或暂载率）ε 来表示，即

$$\varepsilon = \frac{t_{\mathrm{w}}}{t_{\mathrm{w}} + t_0} \times 100\% = \frac{t_{\mathrm{w}}}{T} \times 100\% \tag{2-1}$$

式中，t_{w} 为工作时间，t_0 为停歇时间，T 为工作周期。

2.2　负荷曲线

表示电力负荷随时间变化的曲线称为负荷曲线。负荷曲线分为日有功负荷曲线、年有功负荷曲线等。

2.2.1　负荷曲线类型

1．日有功负荷曲线

日有功负荷曲线表示负荷在一昼夜间（24h）的变化情况，如图 2-1 所示。日有功负荷曲线常绘成阶梯形，其时间间隔越短，越能反应负荷的实际变化情况。日有功负荷曲线与坐标轴所包围的面积表示该负荷全天所消耗的电能，如图 2-2 所示。

2．年有功负荷曲线

通过日有功负荷曲线可以知道负荷在 24 小时内的变化规律。若需要知道负荷在一年内的变化规律，则需要讨论年有功负荷曲线，其绘制方法如图 2-3 所示。图 2-3 是南方某厂的年负荷曲线，图中 P_1 在年负荷曲线上所占的时间为 $T_1 = 200t_1 + 165t_2$。夏季和冬季在全年中占的天数视地理位置和气温情况而定。一般在北方，近似认为冬季 200 天，夏季 165 天；在南方，近似认为

冬季 165 天，夏季 200 天。

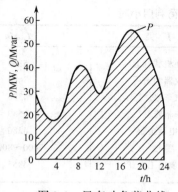

图 2-1　日有功负荷曲线

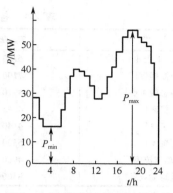

图 2-2　阶梯形日有功负荷曲线

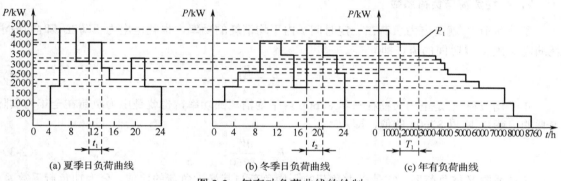

(a) 夏季日负荷曲线　　　　　　(b) 冬季日负荷曲线　　　　　　(c) 年有功负荷曲线

图 2-3　年有功负荷曲线的绘制

2.2.2　负荷曲线的有关物理量

1. 年最大负荷与年最大负荷利用小时

年最大负荷 P_{max} 是指全年中负荷最大的工作班内 30 分钟平均功率的最大值，因此年最大负荷也称为 30 分钟最大负荷 P_{30}。

年最大负荷利用小时又称为年最大负荷使用时间 T_{max}，它是一个假想时间。在此时间内，电力负荷按年最大负荷 P_{max}（P_{30}）持续运行所消耗的电能恰好等于该电力负荷全年实际消耗的电能。

图 2-4 用以说明年最大负荷利用小时 T_{max} 的几何意义。负荷消耗的电能是曲线从 0 到 8760 所围成的面积，若把这个面积用一个相等的矩形面积表示，则矩形的高表示最大负荷 P_{max}，矩形的底表示最大负荷利用小时。

年最大负荷利用小时数的大小在一定程度上反映了实际负荷在一年内的变化程度，若负荷曲线比较平坦，即负荷随时间的变化较小，则 T_{max} 较大；若负荷变化剧烈，则 T_{max} 较小。年最大负荷利用小时是反映电力负荷特征的一个重要参数，它与企业的生产班制有明显的关系。

根据电力用户长期运行和实际积累的经验表明，各种企业的

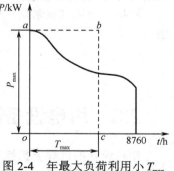

图 2-4　年最大负荷利用小 T_{max}
的几何意义

年最大负荷利用小时如表 2-1 所示。

表 2-1 各种企业的年最大负荷利用小时

工 厂 类 别	T_{max}/h	工 厂 类 别	T_{max}/h
化工企业	6200	农业机械制造厂	5330
石油提炼厂	7100	仪器制造厂	3080
重型机械制造厂	3770	汽车修理厂	4370
机床厂	4345	车辆修理厂	3580
工具厂	4140	电器企业	4280
轴承厂	5300	氮肥厂	7000～8000
汽车拖拉机厂	4960	金属加工企业	4355
起重运输设备厂	3300		

2. 平均负荷与负荷系数

平均负荷 P_{av} 就是电力负荷在一定时间 t 内平均消耗的功率，也就是电力负荷在该时间内消耗的电能 W_t 除以时间的值，即

$$P_{av} = \frac{W_t}{t} \tag{2-2}$$

年平均负荷 P_{av} 是电力负荷在一年 8760h 内平均消耗的功率，也就是电力负荷在全年内实际消耗的电能 W_a 除以 8760h 的值，即

$$P_{av} = \frac{W_a}{8760} \tag{2-3}$$

负荷系数又称负荷率，它是电力负荷的平均负荷与其最大负荷的比值，分为功负荷系数 K_{al} 和无功负荷系数 K_{rl} 即

$$\left. \begin{array}{l} K_{al} = \dfrac{P_{av}}{P_{max}} \\[3mm] K_{rl} = \dfrac{Q_{av}}{Q_{max}} \end{array} \right\} \tag{2-4}$$

对负荷曲线来说，负荷系数也称负荷曲线填充系数，它表征负荷曲线不平坦的程度，即表征负荷起伏变动的程度。从充分发挥供电设备的能力、提高供电效率的角度来说，希望此系数越大（越趋近于 1）越好。从发挥整个电力系统的效能来说，应尽量使企业不平坦的负荷曲线"削峰填谷"，提高负荷系数。

对单个用电设备来说，有功负荷系数 K_{al} 是设备的输出功率 P 与设备额定功率 P_N 的比值，即

$$K_{al} = \frac{P}{P_N} \tag{2-5}$$

2.3 用电设备的设备容量

用电设备的铭牌上都标有额定功率，因各用电设备的额定工作条件不同（如有的是连续工作制，有的是反复短时工作制），故铭牌上标注的额定功率不能直接相加作为总的电力负荷。因此应先换算成统一规定的工作制下的额定功率，然后再进行负荷计算。经过换算至统一规定的

工作制下的"额定功率"称为设备容量，用 P_e 表示。

1. 连续工作制和短时工作制的用电设备

连续工作制和短时工作制的用电设备的设备容量就是该设备铭牌上的额定功率，即

$$P_e = P_N \tag{2-6}$$

2. 反复短时工作制的用电设备

反复短时工作制的用电设备容量是指将某负荷持续率的额定功率换算到统一的负荷持续率下的功率。

（1）电焊机和电焊装置组。要求统一换算到 $\varepsilon = 100\%$ 时的功率，即

$$P_e = \sqrt{\frac{\varepsilon_N}{\varepsilon_{100\%}}} P_N = \sqrt{\varepsilon_N} S_N \cos\varphi_N \tag{2-7}$$

式中，P_N 为额定有功功率；S_N 为额定视在功率；ε_N 为额定负荷持续率；$\cos\varphi_N$ 为额定功率因数。

（2）起重机（吊车电动机）。要求统一换算到 $\varepsilon = 25\%$ 时的功率，即

$$P_e = \sqrt{\frac{\varepsilon_N}{\varepsilon_{25\%}}} P_N = 2\sqrt{\varepsilon_N} P_N \tag{2-8}$$

式中，P_N 为额定有功功率；ε_N 为额定负荷持续率；$\varepsilon_{25\%}$ 表示负荷持续率为 25%。

3. 照明设备

（1）不用镇流器的照明设备（如白炽灯、碘钨灯）的设备容量指灯头的额定功率，即

$$P_e = P_N \tag{2-9}$$

（2）用镇流器的照明设备（如荧光灯、高压水银灯）的设备容量要包括镇流器中的功率损失，即

$$P_e = K_{bl} P_N \tag{2-10}$$

式中，K_{bl} 为功率换算系数，荧光灯采用普通电感镇流器取 1.25，采用节能型电感镇流器取 1.15～1.17，采用电子镇流器取 1.1；高压钠灯和金属卤化物灯采用普通电感镇流器取 1.14～1.16，采用节能型电感镇流器取 1.09～1.1。

（3）照明设备的设备容量还可按建筑物的单位面积容量法估算，即

$$P_e = \rho S / 1000 \tag{2-11}$$

式中，ρ 为建筑物的单位面积照明容量（W/m^2），S 为建筑物的面积（m^2）。

2.4 电力负荷及其计算

导体中通过一个等效负荷时，导体的最高温升正好与通过实际变动负荷时产生的最高温升相等，该等效负荷称为计算负荷 P_c。计算负荷是按发热条件选择电气设备的一个假想的负荷，从满足电气设备发热的条件来选择电气设备。P_c 与 P_{30} 基本相等，因此有

$$\left.\begin{array}{l} P_c \triangleq P_{max} \triangleq P_{30} \\ Q_c \triangleq Q_{max} \triangleq Q_{30} \\ S_c \triangleq S_{max} \triangleq S_{30} \\ I_c \triangleq I_{max} \triangleq I_{30} \end{array}\right\} \tag{2-12}$$

供配电设计的基本依据与计算负荷确定的是否合理直接影响导线和电气设备的正确选择。计算负荷的目的是：（1）选择导线和电缆的规格和型号；（2）选择企业总降压和车间变压器容量及规格和型号；（3）选择供电系统中各种高、低压开关设备的规格和型号。

我国目前普遍采用的负荷计算方法有很多种，如估算法、需要系数法、二项式法、利用系数法等，本章主要讲述需要系数法。需要系数法是世界各国普遍采用的计算方法，该计算方法简单方便，尤其适用于配电所与变电所的负荷计算。

2.4.1 按需要系数法确定计算负荷

1. 用电设备组计算负荷的确定

对于如图 2-5 所示的用电设备组，该设备组的设备不一定同时运行，运行的设备也不一定满负荷工作，另外不仅设备本身有功率损耗，而且配电线路也有功率损耗，因此，用电设备组的有功计算负荷应为

$$P_{30} = \frac{K_{\Sigma}K_{L}}{\eta_{\Sigma}\eta_{WL}} P_{e} \tag{2-13}$$

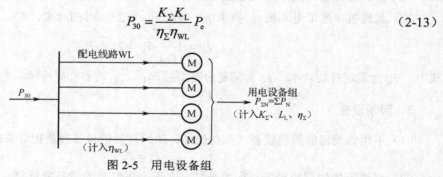

图 2-5 用电设备组

式中，P_e 为设备组的设备容量；K_{Σ} 为设备组的同时系数；K_L 为设备组的负荷系数；η_{Σ} 为设备组的平均效率；η_{WL} 为配电线路的平均效率。

令式（2-13）中的 $K_{\Sigma}K_{L}/(\eta_{\Sigma}\eta_{wl}) = K_d$，其中 K_d 称为需要系数。由式（2-13）可知需要系数的定义式为

$$K_{d} = \frac{P_{30}}{P_{e}} \tag{2-14}$$

由此可得按需要系数法确定三相用电设备组有功计算负荷的基本公式为

$$P_{30} = K_{d}P_{e} \tag{2-15}$$

实践表明，需要系数不仅与用电设备组的工作性质、设备台数、设备效率和线路损耗等因素有关，而且与操作人员的技能和生产组织等多种因素有关。附表 1 列出了各种用电设备组的需要系数值，供读者参考。

在求出有功计算负荷 P_{30} 后，可按式（2-16）～式（2-18）分别求出其余的计算负荷。

无功计算负荷为

$$Q_{30} = P_{30} \tan \varphi \tag{2-16}$$

式中，$\tan \varphi$ 为对应于用电设备组功率因数角 φ 的正切值。

视在计算负荷为

$$S_{30} = \frac{P_{30}}{\cos \varphi} \tag{2-17}$$

式中，$\cos \varphi$ 为用电设备组的平均功率因数。

计算电流为

$$I_{30} = \frac{S_{30}}{\sqrt{3}U_N}$$ (2-18)

式中，U_N 为用电设备组的额定电压。

负荷计算中常用的单位包括：有功功率（kW），无功功率（kvar），视在功率（kV·A），电流（A），电压（kV）。

【例 2-1】 已知某小型机械加工厂采用 380V 供电，低压干线上接有热加工机床 38 台，其中有功功率为 11kW 的机床有 2 台，有功功率为 4.5kW 的机床有 7 台，有功功率为 2.8kW 的机床有 17 台，有功功率为 1.7kW 的机床有 12 台。求低压干线上的计算负荷。

解 低压干线上（用电设备组）电动机的总容量为

$$P_{\Sigma N} = 11 \times 2 + 4.5 \times 7 + 2.8 \times 17 + 1.7 \times 12 = 121.50\,\text{kW}$$

查附表 1 可得 $K_d = 0.25 \sim 0.3$（取 0.3），$\cos\varphi = 0.6$，$\tan\varphi = 1.33$，因此

有功计算负荷为

$$P_{30} = 0.3 \times 121.5 = 36.45\,\text{kW}$$

无功计算负荷为

$$Q_{30} = 36.45 \times 1.33 = 48.48\,\text{kvar}$$

视在计算负荷为

$$S_{30} = 36.45 / 0.6 = 60.75\,\text{kV·A}$$

计算电流为

$$I_{30} = 60.75 / (\sqrt{3} \times 0.38) = 92.30\,\text{A}$$

2. 多组（车间）用电设备计算负荷的确定

确定拥有多组用电设备的干线上或车间变电所低压母线上的计算负荷时，应考虑各组用电设备的最大负荷不同时出现的情况。因此，在确定多组用电设备的计算负荷时，应结合具体情况对其有功计算负荷和无功计算负荷分别计入一个同时系数 $K_{\Sigma p}$ 和 $K_{\Sigma q}$。对车间干线取 $K_{\Sigma p} = 0.85 \sim 0.95$；对低压母线取 $K_{\Sigma q} = 0.90 \sim 0.97$。

总的有功计算负荷为

$$P_{30} = K_{\Sigma p} \sum P_{30 \cdot i}$$ (2-19)

总的无功计算负荷为

$$Q_{30} = K_{\Sigma q} \sum Q_{30 \cdot i}$$ (2-20)

式（2-19）与式（2-20）中的 $\sum P_{30 \cdot i}$ 和 $\sum Q_{30 \cdot i}$ 分别为各设备组的有功计算负荷与无功计算负荷之和。

总的视在计算负荷为

$$S_{30} = \sqrt{P_{30}^2 + Q_{30}^2}$$ (2-21)

总的计算电流为

$$I_{30} = S_{30} / \sqrt{3}U_N$$ (2-22)

【例 2-2】 某钢厂机修车间低压母线分别为机床（轻负荷）、持续工作制的水泵和通风机及连续运输机等负荷供电。其中，机床有 3 台 10kW 的电动机，4 台 5kW 的电动机；通风机和水泵有 5 台 10kW 的电动机；运输机有 4 台 7kW 的电动机。试用需要系数法确定计算负荷。

解 先求各组的计算负荷。

（1）机床组。查附表 1，取 $K_d = 0.2$，$\cos\varphi = 0.5$，$\tan\varphi = 1.73$。故

$$P_{30.1} = 0.2 \times (10 \times 3 + 5 \times 4) = 10 \text{ kW}$$

$$Q_{30.1} = 10 \times 1.73 = 17.30 \text{ kvar}$$

（2）通风机及水泵组。查附表 1，取 $K_d = 0.8$，$\cos\varphi = 0.8$，$\tan\varphi = 0.75$。故

$$P_{30\cdot2} = 0.8 \times (10 \times 5) = 40 \text{ kW}$$

$$Q_{30\cdot2} = 40 \times 0.75 = 30 \text{ kvar}$$

（3）运输机组。查附表 1，取 $K_d = 0.6$，$\cos\varphi = 0.75$，$\tan\varphi = 0.88$。故

$$P_{30\cdot3} = 0.6 \times (7 \times 4) = 16.80 \text{ kW}$$

$$Q_{30\cdot3} = 0.88 \times 16.80 = 14.78 \text{ kvar}$$

因此，总计算负荷为（取 $K_{\Sigma p} = 0.95$，$K_{\Sigma q} = 0.97$）

$$P_{30} = 0.95 \times (10 + 40 + 16.8) = 63.46 \text{ kW}$$

$$Q_{30} = 0.97 \times (17.30 + 30 + 14.78) = 60.22 \text{ kvar}$$

$$S_{30} = \sqrt{63.46^2 + 60.22^2} = 87.48 \text{ kV·A}$$

$$I_{30} = 87.48 / (\sqrt{3} \times 0.38) = 132.92 \text{ A}$$

故计算负荷 $I_{30} = 132.92$ A

在实际工程设计说明书中，为了使读者一目了然且便于审核，常采用计算表格的形式表示计算负荷，如表 2-2 所示。

表 2-2　例 2-2 利用需要系数法确定计算负荷

序号	用电设备组名称	台数 /n	容量 $P_{\Sigma N}$ /kW	需要系数 /K_d	$\cos\varphi$	$\tan\varphi$	计算负荷			
							P_{30} /kW	Q_{30} /kvar	S_{30} /（kV·A）	I_{30} /A
1	机床组	7	50	0.2	0.5	1.73	10	17.30		
2	通风机及水泵组	5	50	0.8	0.8	0.75	40	30		
3	运输机组	4	28	0.6	0.75	0.88	16.80	14.78		
车间总计		23	128				66.80	62.08		
		取		$K_{\Sigma p}$=0.95 $K_{\Sigma q}$=0.97			63.46	60.22	87.48	132.92

2.4.2　单相用电设备计算负荷的确定

单相用电设备应均衡分配到三相线路中，使各相的计算负荷尽量相近。均衡分配后，三相线路中剩余的单相设备总容量若不超过三相设备总容量的 15%，可将单相设备总容量视为三相负荷平衡然后再进行负荷计算。若超过 15%，则应先将这部分单相设备容量换算为等效三相设备容量，再进行负荷计算，具体过程可以参考其他文献。

2.5　功率损耗

电网的功率损耗主要包括线路的功率损耗和变压器的功率损耗两部分。下面分别介绍这两部分功率损耗及计算方法。

2.5.1 线路的功率损耗

由于供配电线路存在电阻和电抗，因此，线路上会产生有功功率损耗和无功功率损耗，其值分别按下式计算。

有功功率损耗 ΔP_{WL} 为

$$\Delta P_{WL} = 3I_{30}^2 R_{WL} \qquad (2\text{-}23)$$

无功功率损耗 ΔQ_{WL} 为

$$\Delta Q_{WL} = 3I_{30}^2 X_{WL} \qquad (2\text{-}24)$$

式中，I_{30} 为线路的计算电流；R_{WL} 为线路每相的电阻，$R_{WL} = R_0 l$，R_0 为线路单位长度的电阻值，l 为线路长度；X_{WL} 为线路每相的电抗，$X_{WL} = X_0 l$，X_0 为线路单位长度的电抗值。

2.5.2 变压器的功率损耗

变压器的功率损耗包括有功功率损耗和无功功率损耗两大部分。

（1）变压器的有功功率损耗。变压器的有功功率损耗由以下两部分组成。

① 铁芯中的有功功率损耗，即铁损 ΔP_{Fe}。在一次绕组的电源电压和频率不变的条件下，变压器的 ΔP_{Fe} 是固定不变的，与负荷无关。ΔP_{Fe} 可由变压器空载试验测定。因为变压器的空载电流 I_0 很小，所以在一次绕组中产生的有功功率损耗可略去不计，故 ΔP_{Fe} 约等于空载损耗 ΔP_0。

② 负载时一、二次绕组中的有功功率损耗，即铜损 ΔP_{Cu}。铜损的大小与负荷电流（或功率）的平方成正比。ΔP_{Cu} 可由变压器短路实验测定。因为变压器短路时一次侧短路电压 U_k 很小，在铁芯中产生的有功功率损耗可略去不计，故 ΔP_{Cu} 约等于短路损耗 ΔP_k。

因此，变压器的有功功率损耗 ΔP_T 为

$$\Delta P_T \approx \Delta P_0 + \Delta P_k \left(\frac{S_{30}}{S_N}\right)^2 \qquad (2\text{-}25)$$

式中，ΔP_0 为变压器的空载损耗；ΔP_k 为变压器的短路损耗；S_{30} 为变压器的计算负荷；S_N 为变压器的额定容量。

（2）变压器的无功功率损耗。变压器的无功功率损耗由以下两部分组成。

① 用来产生主磁通即产生励磁电流的一部分无功功率，用 ΔQ_0 表示。它只与绕组电压有关，与负荷无关，它与励磁电流（或近似地与空载电流）成正比。

② 消耗在变压器一、二次绕组电抗上的无功功率。额定负荷下的这部分无功功率损耗用 ΔQ_N 表示。由于变压器绕组的电抗远大于电阻，因此，ΔQ_N 近似与短路电压（即阻抗电压）成正比。

故变压器的无功功率损耗 ΔQ_T 为

$$\Delta Q_T \approx \Delta Q_0 + \Delta Q_k \left(\frac{S_{30}}{S_N}\right)^2 \qquad (2\text{-}26)$$

式中，$\Delta Q_0 = \dfrac{I_0\% S_N}{100}$ 为变压器空载无功损耗，$I_0\%$ 为变压器的空载电流占额定电流的百分数；

$\Delta Q_k = \dfrac{U_k\% S_N}{100}$ 为变压器满载无功损耗，$U_k\%$ 为变压器短路电压占额定电压的百分数。

在负荷计算中，当电力变压器的负荷率不大于 85% 时，其功率损耗可按式（2-27）近似计算。

有功功率损耗为

$$\Delta P_{\mathrm{T}} = 0.01 S_{30} \qquad (2\text{-}27)$$

无功功率损耗为

$$\Delta Q_{\mathrm{T}} = 0.05 S_{30} \qquad (2\text{-}28)$$

式中，S_{30} 为变压器二次侧的视在计算负荷。

2.6 全厂负荷计算

全厂负荷计算是选择全厂电源进线及主要电气设备（包括主变压器）的基本依据，也是计算全厂的功率因数和无功补偿容量的基本依据。确定全厂计算负荷的方法很多，如按年产量估算法、按逐级计算法等，本节主要讲述按逐级计算法。

按逐级计算法确定全厂的计算负荷，所谓按逐级计算法是从供配电系统最终端（即用电设备）开始计算，逐级向上计算到电源进线，如图 2-6 所示的 $P_{30(1)}\sim P_{30(7)}$。用电设备组的计算负荷（图 2-6 的 $P_{30(1)}$）的确定和多组用电设备的计算负荷（见图 2-6 中的 $P_{30(2)}$）的确定方法在前面以经叙述过了。

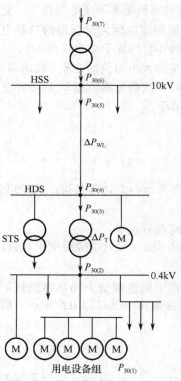

图 2-6 供配电系统中各部分计算负荷和功率损耗

将车间变电所变压器低压侧计算负荷（图 2-6 中的 $P_{30(2)}$）加上变压器的功率损耗，可以得到变压器高压侧计算负荷（见图 2-6 中的 $P_{30(3)}$），即

$$P_{30(3)} = P_{30(2)} + \Delta P_{\mathrm{T}} \qquad (2\text{-}29)$$

$$Q_{30(3)} = Q_{30(2)} + \Delta Q_{\mathrm{T}} \qquad (2\text{-}30)$$

式中，ΔP_{T} 为变压器的有功功率损耗；ΔQ_{T} 为无功功率损耗。

高压配电所（HDS）的计算负荷（见图 2-6 中的 $P_{30(4)}$）是高压母线上所有高压线路计算负荷之和（$\Sigma P_{30(3)\cdot i}$ 和 $\Sigma Q_{30(3)\cdot i}$），再乘上一个有功同时系数 $K_{\Sigma \mathrm{p}}$ 和一个无功同时系数 $K_{\Sigma \mathrm{q}}$，即

$$P_{30(4)} = K_{\Sigma \mathrm{p}} \cdot \Sigma P_{30(3)\cdot i} \qquad (2\text{-}31)$$

$$Q_{30(4)} = K_{\Sigma \mathrm{q}} \cdot \Sigma Q_{30(3)\cdot i} \qquad (2\text{-}32)$$

式中，有功同时系数 $K_{\Sigma \mathrm{p}}$ 取 $0.95\sim 0.97$，无功同时系数 $K_{\Sigma \mathrm{q}}$ 取 $0.97\sim 1$。

高压配电线路的计算负荷（见图 2-6 中的 $P_{30(5)}$）是该高压配电线路上所有高压配电所的计算负荷（见图 2-6 中的 $P_{30(4)}$），再加上高压配电线路的功率损耗，即

$$P_{30(5)} = P_{30(4)} + \Delta P_{\mathrm{WL}} \qquad (2\text{-}33)$$

$$Q_{30(5)} = Q_{30(4)} + \Delta Q_{\mathrm{WL}} \qquad (2\text{-}34)$$

企业总降压变电所（HSS）低压侧的计算负荷（见图 2-6 中的 $P_{30(6)}$）和高压侧的计算负荷（见图 2-6 中的 $P_{30(7)}$）的确定方法可以以此类推，这里省略。

2.7 功率因数和无功功率补偿

供电部门一般要求用户的月平均功率因数达到 0.9 以上。当用户的自然总平均功率因数较

低，并且单靠提高用电设备的自然功率因数达不到该要求时，应装设必要的无功功率补偿设备，以进一步提高用户的功率因数。

2.7.1 功率因数的计算

企业的实际功率因数是随着负荷和电源电压的变化而变化的，因此该值有多种计算方法。

（1）瞬时功率因数。瞬时功率因数既可由功率因数表（相位表）直接测量，又可由功率表、电流表和电压表的读数按式（2-35）求出，即

$$\cos\varphi = \frac{P}{\sqrt{3}UI} \tag{2-35}$$

式中，P 为功率表测出的三相功率读数（kW）；I 为电流表测出的线电流读数（A）；U 为电压表测出的线电压读数（kV）。

瞬时功率因数只用来了解和分析企业或设备在生产过程中无功功率的变化情况，以便采取适当的补偿措施。

（2）平均功率因数。平均功率因数也称为加权平均功率因数，即

$$\cos\varphi = \frac{W_p}{\sqrt{W_p^2 + W_q^2}} = \frac{1}{\sqrt{1 + \left(\dfrac{W_q}{W_p}\right)^2}} \tag{2-36}$$

式中，W_p 为某段时间内消耗的有功电能，由有功电度表读出；W_q 为某段时间内消耗的无功电能，由无功电度表读出。

我国电业部门每月向工业用户收取电费，规定电费按月平均功率因数的大小来调整。

（3）最大负荷时的功率因数。最大负荷时的功率因数是指在年最大负荷（即计算负荷）时的功率因数，即

$$\cos\varphi = \frac{P_{30}}{S_{30}} \tag{2-37}$$

2.7.2 功率因数的人工补偿

企业中由于有大量的感应电动机、电焊机、电弧炉及气体放电灯等感性负荷，从而使功率因数减小。在充分发挥设备潜力、改善设备运行性能、提高其自然功率因数的情况下，若还达不到规定的企业功率因数要求时，则需要考虑人工补偿。

图 2-7 表示功率因数提高与无功功率和视在功率变化的关系。假设功率因数由 $\cos\varphi$ 增大到 $\cos\varphi'$，这时在负荷需要的有功功率 P_{30} 不变的条件下，无功功率将由 Q_{30} 减小到 Q_{30}'，视在功率将由 S_{30} 减小到 S_{30}'。相应地，负荷电流 I_{30} 也减小，这将使系统的电能损耗与电压损失相应减小，这样既节约了电能，又提高了电压质量，并且可以选较小容量的供电设备和导线电缆。总而言之，增大功率因数对电力系统大有好处。

由图 2-7 可知，要使功率因数由 $\cos\varphi$ 增大到 $\cos\varphi'$，装设的无功补偿装置容量为

$$Q_c = Q_{30} - Q_{30}' = P_{30}(\tan\varphi - \tan\varphi') \tag{2-38}$$

或

$$Q_c = \Delta_{qc}P_{30} \tag{2-39}$$

式中，$\Delta_{qc} = \tan\varphi - \tan\varphi'$，称为无功补偿率。附表 2 列出了并联电容器的无功补偿率，可利用补偿前后的功率因数直接查出。

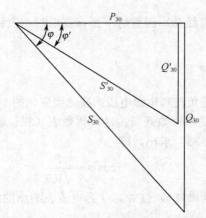

图 2-7　功率因数提高与无功功率和视在功率变化的关系

在确定了总的补偿容量后，可根据所选并联电容器的单个容量 q_c 来确定电容器的个数，即

$$n = Q_c / q_c \tag{2-40}$$

常用的并联电容器的主要技术数据参见附表 3。

由式（2-40）计算所得的电容器个数 n，对于单相电容器（电容器全型号后面标 "1"）来说，电容器个数应取 3 的倍数，以便三相均衡分配。

企业（或车间）装设了无功补偿装置后，在确定补偿装置装设地点以前的总计算负荷时，应扣除无功补偿的容量，即总的无功计算负荷

$$Q'_{30} = Q_{30} - Q_c \tag{2-41}$$

补偿后总的视在计算负荷为

$$S'_{30} = \sqrt{P_{30}^2 + (Q_{30} - Q_c)^2} \tag{2-42}$$

由式（2-42）可以看出，在变电所低压侧装设了无功补偿装置后，由于低压侧总的视在计算负荷减小，因此，可将变电所主变压器的容量选得小一些。这不仅可以减少变电所的初投资，而且可以减少企业的电费开支。因为我国电业部门对大工业用户实行的是 "两部电费制"，即一部分是基本电费，该部分是按所装用的主变压器容量来计费的，规定每月按容量（kV·A）收费，容量越大，所交的基本电费越多，容量减小，所交的基本电费就少了；另一部分电费是电度电费，该部分是按每月实际耗用的电能（kW·h）数来计算电费的，并且要根据月平均功率因数的大小乘以一个调整系数。凡是月平均功率因数大于规定值（一般规定为 0.85）的，可按一定比率减收电费；而小于规定值时，则要按一定比率加收电费。由此可见，提高企业功率因数不仅对整个电力系统大有好处，而且为企业减少电费支出。

【例 2-3】　某厂拟建一个降压变电所，装设一台主变压器。已知变电所低压侧有功计算负荷为 650kW，无功计算负荷为 800kvar。为了使企业（变电所高压侧）的功率因数不低于 0.9，那么在低压侧装设并联电容器进行补偿时，需装设多少补偿容量？补偿前后企业变电所所选主变压器的容量有何变化？

　　解　（1）补偿前的变压器容量和功率因数。变电所低压侧的视在计算负荷为

$$S_{30(2)} = \sqrt{650^2 + 800^2} = 1031\,\text{kV·A}$$

由于主变压器容量选择条件为 $S_{N\cdot T} \geqslant S_{30(2)}$，因此未进行无功补偿时，主变压器容量应选为 1250kV·A。这时变电所低压侧的功率因数为

$$\cos\varphi_{(2)} = 650/1031 = 0.63$$

（2）无功补偿容量。按照规定，变电所高压侧的 $\cos\varphi > 0.9$。考虑到变压器的无功功率损耗 ΔQ_T 远大于有功功率损耗 ΔP_T，一般 $\Delta Q_\mathrm{T} = (4\sim5)\Delta P_\mathrm{T}$，因此，在变压器低压侧补偿时，低压侧补偿后的功率因数应略高于 0.9，这里取 $\cos\varphi' = 0.92$。要使低压侧功率因数由 0.63 提高到 0.92，低压侧需装设的并联电容器容量为

$$Q_\mathrm{c} = 650\times[\tan(\mathrm{arc}\,\cos0.63) - \tan(\mathrm{arc}\,\cos0.92)] = 525\ \mathrm{kvar}$$

（3）补偿后的变压器容量和功率因数。变电所低压侧的视在计算负荷为

$$S'_{30(2)} = \sqrt{650^2 + (800-530)^2} = 705.78\ \mathrm{kV\cdot A}$$

因此，无功补偿后主变压器容量可选为 $800\ \mathrm{kV\cdot A}$。

变压器的功率损耗为

$$\Delta P_\mathrm{T} \approx 0.01\times S'_{30(2)} = 0.01\times705.78 = 7.058\ \mathrm{kW}$$

$$\Delta Q_\mathrm{T} \approx 0.05\times S'_{30(2)} = 0.05\times705.78 = 35.289\ \mathrm{kvar}$$

变电所高压侧的计算负荷为

$$P'_{30(1)} = 650+7.058 = 657.058\ \mathrm{kW}$$

$$Q'_{30(1)} = (800-525)+35.289 = 310.298\ \mathrm{kvar}$$

$$S'_{30(1)} = \sqrt{657.058^2 + 310.298^2} = 726.643\ \mathrm{kV\cdot A}$$

无功补偿后，企业的功率因数为

$$\cos\varphi' = P'_{30(1)} / S'_{30(1)} = 657.058/726.643 = 0.904$$

该功率因数满足要求。

（4）无功补偿前后比较。无功补偿前后主变压器容量的变化为

$$S'_{\mathrm{N\cdot T}} - S_{\mathrm{N\cdot T}} = 1250-800 = 450\ \mathrm{kV\cdot A}$$

主变压器容量在补偿后减少了 $450\ \mathrm{kV\cdot A}$，不仅会减少基本电费的开支，而且由于提高了功率因数，还会减少电度电费的开支。由此例可以看出，采用无功补偿来提高功率因数能使企业取得可观的经济效果。

2.8　尖峰电流计算

尖峰电流 I_pk 是指单台或多台设备持续时间为 $1\sim2\mathrm{s}$ 的短时最大负荷电流，它与计算电流不同，计算电流是指半小时最大电流，尖峰电流比计算电流大得多。计算尖峰电流的目的主要是选择熔断器和低压断路器，整定继电保护装置及检验电动机自启动条件等。对于不同性质的负荷，其尖峰电流的计算公式是不同的。

1. 单台用电设备尖峰电流的计算

单台用电设备尖峰电流就是其启动电流，即

$$I_\mathrm{pk} = I_\mathrm{st} = K_\mathrm{st}I_\mathrm{N} \tag{2-43}$$

式中，I_N 为用电设备的额定电流；I_st 为用电设备的启动电流；K_st 为用电设备的启动电流倍数；鼠笼型电动机的电流倍数为 $5\sim7$，绕线型电动机的电流倍数为 $2\sim3$，直流电动机的电流倍数为 1.7，电焊变压器的电流倍数为 3 或稍大于 3。

2．多台用电设备尖峰电流的计算

多台用电设备线路上的尖峰电流为

$$I_{pk} = I_{30} + (I_{st} - I_N)_{max} = K_\Sigma \sum I_{N \cdot i} + (I_{st} - I_N)_{max} \qquad (2\text{-}44)$$

式中，$(I_{st} - I_N)_{max}$ 为用电设备中启动电流与额定电流之差的最大值；K_Σ 为设备组的同时系数，按台数多少选取，一般为 $0.7\sim1$；$I_{N \cdot i}$ 为每台设备的额定电流；I_{30} 为全部投入运行时线路的计算电流。

【例2-4】 已知一个 380V 的三相线路，为如表 2-3 所示的 4 台电动机供电。试计算该线路的尖峰电流。

表 2-3　例 2-4 4 台电动机的数据

参　　数	电　动　机			
	M_1	M_2	M_3	M_4
额定电流 I_N/A	13.5	23.9	18.0	36.5
启动电流 I_{st}/A	81	155.35	108	255.5

解　由表 2-3 可知，电动机 M_4 的 $I_{st} - I_N = 255.5 - 36.5 = 219\,A$ 为最大。将 K_Σ 取为 0.9，则该线路的尖峰电流为 $I_{pk} = 0.9 \times (13.5 + 23.9 + 18.0 + 36.5) + 219 = 301.71\,A$。

本章小结

负荷曲线表征电力负荷随时间变化的情况。按照时间单位的不同，可分为日负荷曲线和年负荷曲线。与负荷曲线有关的物理量有年最大负荷、年最大负荷利用小时、计算负荷、平均负荷和负荷系数。

计算负荷是按发热条件选择电气设备的一个假想的负荷，计算负荷确定的合理与否直接影响导线和电气设备的正确选择。确定负荷计算的方法有多种，本章介绍了需要系数法，进行全厂负荷计算时，通常采用需要系数法逐级计算。

功率因数太小对电力系统有不良影响，所以要提高功率因数。提高功率因数的方法是首先提高自然功率因数然后进行人工补偿，其中人工补偿最常见的方法是并联电容器补偿。

习题 2

1．什么是电力负荷？一、二级及一级中特别重要的负荷对供电电源有什么要求？

2．什么是负荷曲线？与负荷曲线有关的物理量有哪些？

3．什么是计算负荷？为什么计算负荷通常采用半小时最大负荷？

4．什么是年最大负荷利用小时？什么是年最大负荷和年平均负荷？什么是负荷系数？

5．什么是平均功率因数和最大负荷时的功率因数？

6．提高功率因数有什么意义？如何确定无功补偿容量？

7．什么是尖峰电流？计算尖峰电流的目的是什么？

8．某个金属加工车间，有一台吊车，其额定功率 $P_N = 4.5\,kW$，$\varepsilon_N = 40\%$，试求该吊车电动机的设备容量 P_e。

9. 某个炼钢厂机修车间有一台电焊机其额定容量 S_N=1.7kVA，$\varepsilon_N = 60\%$，$\cos\varphi$ =0.62，试求该电焊机的设备容量 P_e。

10. 某个小型机械加工厂，拥有 40 台冷加工机床，总功率为 160kW；1 台行车，总功率为 5.1kW（ε=15%）；4 台通风机，总功率为 5kW；3 台电焊机，总功率为 10.5kW（ε=65%）。车间采用 220/380V 三相四线制（ TN-C 系统）供电，试确定车间的计算负荷 P_{30}、Q_{30}、S_{30} 和 I_{30}。

11. 某个炼钢厂变电所装有一台 S_{11}-1000/10 型电力变压器，其二次侧（380V）的有功计算负荷为 600kW，无功计算负荷为 730kvar。试求此变电所一次侧的计算负荷及其功率因数。如果功率因数未达到 0.90，那么此变电所低压母线上应装设多大并联电容器容量才能达到要求？

12. 有一个低压为 380V 的线路为如表 2-4 所示的 5 台交流电动机供电。试计算该线路的计算电流和尖峰电流。（提示：计算电流在此可近似地按下式计算 $I_{30}=K_\Sigma \sum I_N$，式中 K_Σ 取 0.9）。

表 2-4 12 题的数据

参　数	电　动　机				
	M_1	M_2	M_3	M_4	M_5
额定电流 I_N/A	10.2	32.4	30	6.1	20
启动电流 I_{st}/A	66.3	227	165	34	140

第3章　短路电流及其计算

短路是电力系统中最常见的故障。短路是指不同相之间、相对中线或地线之间的直接金属性连接或经小阻抗连接。短路电流计算的目的是供母线、电缆、开关电器的选择和继电保护整定计算之用。

3.1　短路的基本知识

3.1.1　短路的原因

短路发生的主要原因是电力系统中电气设备载流导体的绝缘损坏。造成绝缘损坏的原因主要有设备绝缘自然老化，操作过电压，大气过电压，污秽和绝缘受到机械损伤等。

运行人员不遵守操作规程发生的误操作，如带负荷拉闸、合隔离开关，检修后未拆除地线合闸等，或者鸟兽跨越在裸露导体上也是引起短路的原因。

3.1.2　短路的危害

短路电流可达几万安甚至几十万安，同时，系统电压降低，离短路点越近，电压降越大。因此，短路会造成严重危害。

（1）短路时产生很大的电动力和很高的温度，使故障元件和短路回路中的其他元件损坏。

（2）短路时电压严重降低，影响电气设备的正常运行。

（3）短路造成停电，给国民经济带来损失，给人民生活带来不便。

（4）严重的短路影响电力系统运行的稳定性，可使并列运行的发电机组失去同步，造成系统解列。

（5）单相短路电流产生较强的不平衡交变磁场，对附近的通信线路、电子设备等产生干扰。

由此可见，短路的危害是十分严重的，因此必须设法消除可能引起短路的一切因素，同时需要进行短路电流计算，以便正确地选择电气设备，保证电气设备中即使有最大短路电流通过时也不至于损坏。

3.1.3　短路的形式

在三相电力系统中，可能发生三相短路、两相短路、单相短路和两相接地短路。三相短路用 $k^{(3)}$ 表示，如图 3-1(a)所示；两相短路用 $k^{(2)}$ 表示，如图 3-1(b)所示；单相短路用 $k^{(1)}$ 表示，如图 3-1(c)和 3-1(d)所示。

两相接地短路是指在中性点不接地的系统中两个不同相均发生单相接地而形成的两相短路，如图 3-1(e)所示；也指两相短路后又接地的情况，如图 3-1(f)所示，两者都用文字符号 $k^{(1.1)}$ 表示。

上述的三相短路均属于对称短路；其他形式的短路均属于非对称短路。电力系统中，发生单相短路的可能性最大，而发生三相短路的可能性最小，但三相短路的短路电流最大，造成的危害也最严重，同时三相短路是分析不对称短路的基础，所以短路电流计算的重点是三相短路。

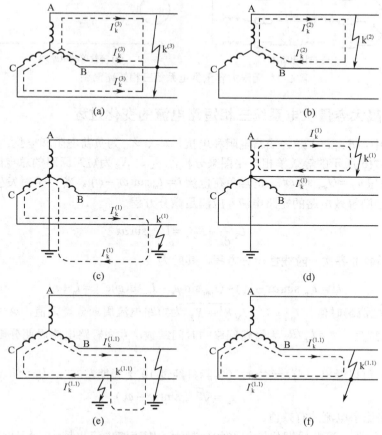

图 3-1　短路的类型（虚线表示短路电流的路径）

3.2　无限大容量电力系统的三相短路

3.2.1　无限大容量电力系统的概念

　　三相短路是电力系统最严重的短路故障，三相短路的分析计算是其他短路分析计算的基础。短路时发电机中发生的电磁暂态变化过程很复杂，从而三相短路的分析和计算也相当复杂。为了简化分析，假设三相短路发生在一个无限大容量电力系统中。无限大容量电力系统是指端电压保持恒定、没有内部阻抗的电力系统。实际上并不存在真正的无限大容量电力系统，任何一个电力系统中的每台发电机都有一个确定的功率，并且有一定的内部阻抗。

　　当供配电系统容量较电力系统容量小得多时，电力系统阻抗不超过短路回路总阻抗的5%～10%，或短路点离电源距离足够远，发生短路时系统母线电压降低很小，此时可将系统看成无限大容量电力系统，从而简化短路电流的计算。图 3-2(a)是无限大容量电力系统三相短路简图。

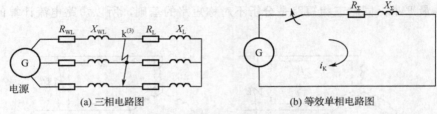

(a) 三相电路图　　　　　　　　(b) 等效单相电路图

图 3-2　无限大容量供电系统三相短路简图

3.2.2　无限大容量供电系统三相短路电流的变化过程

在图 3-2(a)中，R_{WL}、X_{WL} 为线路电阻和电抗，R_L、X_L 为负荷电阻和电抗。由于三相对称，因此可用如图 3-2(b)所示的等效单相电路图来分析，R_Σ、X_Σ 为短路回路的总电阻和总电抗。

设电源相电压 $u_\varphi = U_{\varphi m} \sin \omega t$，正常负荷电流 $i = I_m \sin(\omega t - \varphi)$。当 $t = 0$ 时发生短路（等效为开关突然闭合），则等效电路的短路电流 i_k 应满足微分方程

$$L_\Sigma \frac{i_k}{dt} + R_\Sigma i_k = U_{\varphi m} \sin \omega t \tag{3-1}$$

式（3-1）是常系数非齐次一阶线性微分方程，其解为

$$i_k = I_{pm} \sin(\omega t - \varphi_k) + (I_{pm} \sin \varphi_k - I_m \sin \varphi) e^{-\frac{t}{\tau}} = i_p + i_{np} \tag{3-2}$$

式中，i_k 为短路电流瞬时值，$I_{pm} = U_{\varphi m}/\sqrt{R_\Sigma^2 + X_\Sigma^2}$ 为短路电流周期分量幅值，$\varphi_k = \arctan(X_\Sigma/R_\Sigma)$ 为短路回路的阻抗角，$\tau = L_\Sigma/R_\Sigma$ 为短路回路的时间常数，i_p 为短路电流周期分量，i_{np} 为短路电流非周期分量。

由式（3-2）可以看出：当 $t \to \infty$ 时（实际只经过 10 个周期左右），$i_{np} \to 0$，这时

$$i_k = \sqrt{2} I_\infty \sin(\omega t - \varphi_k) \tag{3-3}$$

式中，I_∞ 为短路稳态电流的有效值。

一般认为，短路电流非周期分量 i_{np} 初始值越大，则短路电流也越大。短路电流非周期分量初始值 $i_{np}(0) = I_{pm} \sin \varphi_k - I_m \sin \varphi$，结合 $u_\varphi = U_{\varphi m} \sin \omega t$，可得最严重短路状态下的短路电流的条件为：

（1）短路瞬间电压为零，即 $u_\varphi = 0$；

（2）短路前电路空载（即 $I_m = 0$），或 $\sin \varphi = 0$；

（3）短路回路为纯电感回路，即 $\varphi_k = 90°$。

图 3-3 为无限大容量系统发生最严重三相短路前后电流、电压变化的曲线。由图 3-3 可以看出，短路电流在到达稳定值前，要经过一个暂态过程。

3.2.3　有关短路的物理量

1．短路电流周期分量

如图 3-3 所示。由式（3-2）可知，短路电流周期分量为

$$i_p = I_{pm} \sin(\omega t - \varphi_k) \tag{3-4}$$

由于短路回路的电抗一般远大于电阻，即 $X_\Sigma \gg R_\Sigma$，且 $\varphi_k = \arctan(X_\Sigma/R_\Sigma) \approx 90°$，因此短路初瞬间（$t = 0$ 时）的短路电流周期分量为

$$i_p(0) = -I_{pm} = -\sqrt{2}I'' \tag{3-5}$$

式中，I''为短路次暂态电流有效值，它是短路后第一个周期的短路电流周期分量i_p的有效值。

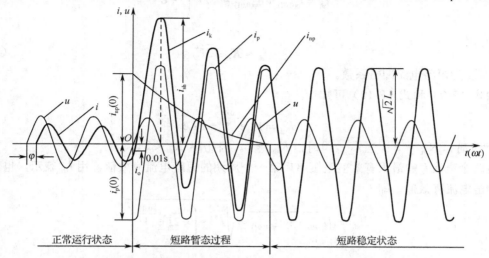

图 3-3　无限大容量系统发生最严重三相短路前后电流、电压变化的曲线

在无限大容量电力系统中，系统母线电压维持不变。因此，其短路电流周期分量有效值（习惯上用I_k表示）在短路的全过程中也维持不变，即$I'' = I_\infty = I_k$。

2. 短路电流非周期分量

由式（3-2）可知，短路电流非周期分量$i_{np} = (I_{pm}\sin\varphi_k - I_m\sin\varphi)e^{-\frac{t}{\tau}}$，由于$\varphi_k \approx 90°$，而$I_m\sin\varphi \ll I_{pm}$，故

$$i_{np} \approx I_{pm}e^{-\frac{t}{\tau}} = \sqrt{2}I''e^{-\frac{t}{\tau}} \tag{3-6}$$

式中，τ为短路回路的时间常数。

由于$\tau = L_\Sigma / R_\Sigma$，因此当短路回路$R_\Sigma = 0$时，短路电流非周期分量$i_{np}$将为不衰减的直流电流。非周期分量$i_{np}$与周期分量$i_p$叠加而得的短路全电流$i_k$，将成为一个偏轴的等幅电流曲线。然而该短路全电流是不存在的，因为电路中总存在R_Σ，所以非周期分量总要衰减，而且R_Σ越大，τ越小，衰减越快。

3. 短路全电流

短路全电流为短路电流周期分量与非周期分量之和，即

$$i_k = i_p + i_{np} \tag{3-7}$$

某个瞬时t的短路全电流有效值$I_{k(t)}$是以时间t为中点的一个周期内的短路电流周期分量i_p有效值$I_{p(t)}$与短路非周期分量i_{np}在t时刻的瞬时值$i_{np(t)}$的方均根值，即

$$I_{k(t)} = \sqrt{I_{p(t)}^2 + i_{np(t)}^2} \tag{3-8}$$

4. 短路冲击电流

短路冲击电流是短路全电流中的最大瞬时值。由图 3-3 所示的短路全电流i_k的曲线可以看出，

短路后经半个周期（即 0.01s），i_k 达到最大值，此时的电流即短路冲击电流。短路冲击电流为

$$i_{sh} = i_{p(0.01)} + i_{np(0.01)} \approx \sqrt{2}I''\left(1 + e^{-\frac{0.01}{\tau}}\right) \tag{3-9}$$

或

$$i_{sh} \approx K_{sh}\sqrt{2}I'' \tag{3-10}$$

式中，K_{sh} 为短路电流冲击系数。

由式（3-9）和式（3-10）可知

$$K_{sh} = 1 + e^{-\frac{0.01}{\tau}} = 1 + e^{-\frac{0.01R_\Sigma}{L_\Sigma}} \tag{3-11}$$

当 $R_\Sigma \to 0$ 时，$K_{sh} \to 2$；当 $L_\Sigma \to 0$ 时，$K_{sh} \to 1$。因此 $1 < K_{sh} < 2$。

短路全电流 i_k 的最大有效值是短路后第一个周期的短路电流有效值，用 I_{sh} 表示，也可称为短路冲击电流有效值，即

$$I_{sh} = \sqrt{I_{p(0.01)}^2 + I_{np(0.01)}^2} \approx \sqrt{I''^2 + \left(\sqrt{2}I''e^{-\frac{0.01}{\tau}}\right)^2}$$

或

$$I_{sh} = \sqrt{1 + 2(K_{sh}-1)^2}\, I'' \tag{3-12}$$

在高压电路发生三相短路时，一般可取 $K_{sh} = 1.8$，因此

$$i_{sh} = 2.55I'' \tag{3-13}$$

$$I_{sh} = 1.51I'' \tag{3-14}$$

在 1000kV·A 及以下的电力变压器二次侧及低压电路中发生三相短路时，一般可取 $K_{sh} = 1.3$，因此

$$i_{sh} = 1.84I'' \tag{3-15}$$

$$I_{sh} = 1.09I'' \tag{3-16}$$

5．短路稳态电流

短路稳态电流是短路电流非周期分量衰减完毕后的短路电流，其有效值用 I_∞ 表示。

为了表明短路的种类，凡是三相短路电流，均可在相应的电流符号右上角加注（3），如三相短路稳态电流可写成 $I_\infty^{(3)}$。同样地，两相和单相短路电流则在相应的电流符号右上角分别加注 (2)或(1)，而两相接地短路电流，则在相应的电流符号右角加注(1,1)。在不引起混淆的情况下，三相短路电流各量可不加注(3)。

3.3 短路电流的计算

3.3.1 概述

在计算短路电流时，首先应根据计算要求画出短路电流计算系统图，该系统图应包含所有与短路计算有关的元件，并标出各元件的参数和短路点；其次，画出计算短路电流的等效电路图，每个元件都用一个阻抗表示，电源用一个小圆圈表示，同时标出元件的序号和阻抗值，一般分子标序号，分母标阻抗值；然后，将等效电路简化，求出其等效总阻抗。对于企业供配电系统来说，一般只需采用阻抗串、并联的方法即可将电路简化；最后计算短路电流和短路容量。

短路电流计算的常用方法包括有名值法（欧姆法）和标幺值法。对于低压回路中的短路，由于电压等级较低，因此一般利用有名值法计算短路电流。对于高压回路中的短路，若采用有名值法计算短路电流，则需要多次折算，非常复杂。故为了计算方便，通常采用标幺值法计算短路电流。

3.3.2　采用有名值法进行短路计算

有名值法又称欧姆法，因其短路电流计算中的阻抗都采用有名单位"欧姆"而得名。在无限大容量系统中发生三相短路时，其三相短路电流周期分量有效值为

$$I_k^{(3)} = \frac{U_c}{\sqrt{3}\,|Z_\Sigma|} = \frac{U_c}{\sqrt{3}\sqrt{R_\Sigma^2 + X_\Sigma^2}} \tag{3-17}$$

式中，U_c 为短路点的短路计算电压（或称为平均额定电压）。由于线路首端短路时其短路最为严重，因此按线路首端电压考虑。即，取短路计算电压比线路额定电压 U_N 高 5%，按我国电压标准，U_c 有 0.4kV、0.69kV、3.15kV、6.3kV、10.5kV、37kV 等；$|Z_\Sigma|$、R_Σ、X_Σ 分别为短路回路的总阻抗的模、总电阻和总电抗值。

在高压电路的短路计算中，通常总电抗远比总电阻大得多，所以一般可计电抗，不计电阻。在计算低压侧短路时，也只有当短路回路的 $R_\Sigma > X_\Sigma/3$ 时才需要考虑电阻。若不计电阻，则三相短路电流的周期分量有效值为

$$I_k^{(3)} = U_c/\sqrt{3}X_\Sigma \tag{3-18}$$

三相短路容量为

$$S_k^{(3)} = \sqrt{3}U_c I_k^{(3)} \tag{3-19}$$

下面讲述供电系统中各主要元件（如电力系统、电力变压器和电力线路）的阻抗计算。

1. 电力系统的电抗

电力系统的电抗可由电力系统出口断路器的断流容量 S_{oc} 来估算。将 S_{oc} 看成电力系统的极限短路容量 S_k。因此电力系统的电抗为

$$X_s = U_c^2 / S_{oc} \tag{3-20}$$

2. 电力变压器的阻抗

（1）变压器的电阻 R_T 可由变压器的短路损耗 ΔP_k 近似计算。

因为

$$\Delta P_k \approx 3I_N^2 R_T \approx 3(S_N/\sqrt{3}U_c)^2 R_T = (S_N/U_c)^2 R_T$$

所以

$$R_T \approx \Delta P_k \left(\frac{U_c}{S_N}\right)^2 \tag{3-21}$$

式中，U_c 为短路点的短路计算电压；S_N 为变压器的额定容量；ΔP_k 为变压器的短路损耗，该值可查相关手册、产品样本或附表4确定。

（2）变压器的电抗 X_T 可由变压器的短路电压（也称阻抗电压）$U_k\%$ 近似地计算。

因为

$$U_k\% \approx (\sqrt{3}I_N X_T/U_c) \times 100 \approx (S_N X_T/U_c^2) \times 100$$

所以

$$X_{\mathrm{T}} \approx \frac{U_{\mathrm{k}}\%}{100} \cdot \frac{U_{\mathrm{c}}^2}{S_{\mathrm{N}}} \tag{3-22}$$

式中，$U_{\mathrm{K}}\%$ 为变压器的短路电压百分值，该值可查相关手册、产品样本或附表 4 确定。

3．电力线路的阻抗

（1）线路的电阻 R_{WL} 可由导线电缆的单位长度电阻 R_0 值计算求得，即

$$R_{\mathrm{WL}} = R_0 l \tag{3-23}$$

式中，R_0 为导线电缆单位长度的电阻，该值可查相关手册、产品样本或附表 12 确定；l 为线路长度。

（2）线路的电抗 X_{WL} 可由导线电缆的单位长度电抗 X_0 值计算求得，即

$$X_{\mathrm{WL}} = X_0 l \tag{3-24}$$

式中，X_0 为导线电缆单位长度的电抗，该值可查相关手册、产品样本或附表 12 确定；l 为线路长度。

若线路的结构数据不详时，则 X_0 可按表 3-1 取其电抗平均值，因为同一电压的同类线路的电抗值变化幅度一般不大。

表 3-1　电力线路每相的单位长度电抗平均值（Ω/km）

线 路 结 构	线 路 电 压	
	6～10kV	220/380V
架空线路	0.38	0.32
电缆线路	0.06	0.066

求出短路回路中各元件的阻抗后，化简短路回路求出其总阻抗，然后按式（3-17）或式（3-18）计算短路电流周期分量 $I_{\mathrm{k}}^{(3)}$。注意：在计算短路回路的阻抗时，假如电路内含有电力变压器，则电路内各元件的阻抗都应统一换算到短路点的短路计算电压中去，阻抗等效换算的条件是元件的功率损耗不变。

由 $\Delta P = U^2/R$ 和 $\Delta Q = U^2/X$ 可知，元件的阻抗值与电压平方成正比，因此阻抗换算的公式为

$$R' = R\left(\frac{U_{\mathrm{c}}'}{U_{\mathrm{c}}}\right)^2 \tag{3-25}$$

$$X' = X\left(\frac{U_{\mathrm{c}}'}{U_{\mathrm{c}}}\right)^2 \tag{3-26}$$

式中，R、X 和 U_{c} 为换算前元件的电阻、电抗和元件所在处的短路计算电压；R'、X' 和 U_{c}' 为换算后元件的电阻、电抗和短路点的短路计算电压。

就短路计算中考虑的几个主要元件的阻抗来说，只有电力线路的阻抗有时需要换算，例如，计算低压侧的短路电流时，高压侧的线路阻抗就需要换算到低压侧。而电力系统和电力变压器的阻抗，由于它们的计算公式中均含有 U_{c}^2，因此计算阻抗时，公式中直接将 U_{c} 代替为短路点的计算电压，就相当于阻抗已经换算到短路点一侧了。

【例 3-1】　某企业供电系统变电站如图 3-4 所示，已知电力系统出口断路器采用型号为 ZN$_{12}$-12 真空断路器，额定短路开断电流 $I_{\mathrm{cs}} = 25$ kA，额定电流为 1250A。已知型号为 S11-1000 的变压器 $U_{\mathrm{k}}\% = 4.5$，S_{N}=1000kV·A，试求该企业供电系统变电站高压 10kV 母线上 k1 点短路和

低压 380V 母线上 k2 点短路的三相短路电流和短路容量。

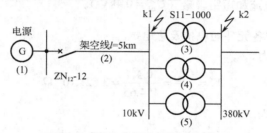

图 3-4　某企业供电系统变电站

解：ZN_{12}-12 真空断路器的断流容量为（$U_{c1} = 10.5$kV）

$$S^{(3)} = \sqrt{3}U_{c1}I_{cs}^{(3)}$$
$$= \sqrt{3} \times 10.50 \times 25 = 454.65 \text{MV} \cdot \text{A}$$

（1）计算短路回路中各元件的电抗及总电抗。

① 电力系统的电抗为

$$X_1 = \frac{U_{c1}^2}{S_{oc}} = \frac{10.5^2}{454.65} = 0.24\Omega$$

② 架空线路的电抗：由表 3-1 可得 $X_0 = 0.38\Omega / \text{km}$，因此 $X_2 = X_0 l = 0.38 \times 5 = 1.9\Omega$

③ 绘制 k1 点短路的等效电路如图 3-5(a)所示，并计算其总电抗为

$$X_{\Sigma(k1)} = X_1 + X_2 = 0.24 + 1.9 = 2.14\Omega$$

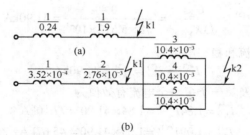

图 3-5　例 3-1 的短路等效电路图（有名值法）

（2）计算三相短路电流和短路容量。

① 三相短路电流周期分量有效值为

$$I_{k1}^{(3)} = \frac{U_{c1}}{\sqrt{3}X_{\Sigma(k1)}} = \frac{10.5}{\sqrt{3} \times 2.14} = 2.83 \text{kA}$$

② 三相短路次暂态电流和稳态电流为

$$I''^{(3)} = I_{\infty}^{(3)} = I_{k1}^{(3)} = 2.83 \text{kA}$$

③ 三相短路冲击电流及第一个周期短路全电流有效值为

$$i_{sh}^{(3)} = 2.55I''^{(3)} = 2.55 \times 2.83 = 7.22 \text{kA}$$
$$I_{sh}^{(3)} = 1.51I''^{(3)} = 1.51 \times 2.83 = 4.27 \text{kA}$$

④ 三相短路容量为

$$S_{k1}^{(3)} = \sqrt{3}U_{c1}I_{k1}^{(3)} = \sqrt{3} \times 10.5 \times 2.83 = 51.47 \text{MV} \cdot \text{A}$$

4. 求 k2 点的短路电流和短路容量（$U_{c2} = 0.4\text{kV}$）。

（1）计算短路回路中各元件的电抗及总电抗。

① 电力系统的电抗为

$$X_1' = \frac{U_{c2}^2}{S_{oc}} = \frac{0.4^2}{454.65} = 3.52 \times 10^{-4}\Omega$$

② 架空线路的电抗为

$$X_2' = X_o l \left(\frac{U_{c2}}{U_{c1}}\right)^2 = 0.38 \times 5 \times \left(\frac{0.4}{10.5}\right)^2 = 2.76 \times 10^{-3}\Omega$$

③ 电力变压器的电抗为

$$X_3 = X_4 = X_5 \approx \frac{U_k\%}{100} \cdot \frac{U_{c2}^2}{S_N} = \frac{4.5}{100} \times \frac{0.4^2 \times 10^3}{1000} = 7.2 \times 10^{-3}\Omega$$

④ 绘制 k2 点短路的等效电路如图 3-5(b)所示，求其总电抗为

$$X_{\Sigma(k2)} = X_1' + X_2' + X_3 /\!/ X_4 /\!/ X_5 = X_1' + X_2' + \frac{X_3 X_4 X_5}{3}$$

$$= 3.52 \times 10^{-4} + 2.76 \times 10^{-3} + \frac{7.2 \times 10^{-3}}{3} = 5.512 \times 10^{-3}\Omega$$

（2）计算三相短路电流和短路容量。

① 三相短路电流周期分量有效值为

$$I_{k2}^{(3)} = \frac{U_{c2}}{\sqrt{3}X_{\Sigma(k2)}} = \frac{0.4}{\sqrt{3} \times 5.512 \times 10^{-3}} = 41.90\text{kA}$$

② 三相短路次暂态电流和稳态电流为

$$I''^{(3)} = I_\infty^{(3)} = I_{k2}^{(3)} = 41.90\text{kA}$$

③ 三相短路冲击电流及第一个短路全电流有效值为

$$i_{sh}'^{(3)} = 1.84 I''^{(3)} = 1.84 \times 41.90 = 77.10\text{kA}$$

$$I_{sh}^{(3)} = 1.09 I''^{(3)} = 1.09 \times 41.90 = 45.67\text{kA}$$

④ 三相短路容量为

$$S_{k2}^{(3)} = \sqrt{3}U_{c2}I_{k2}^{(3)}$$

$$= \sqrt{3} \times 0.4 \times 41.90 = 29.03\text{MV} \cdot \text{A}$$

在工程设计说明书中，常列出短路电流计算表，如表 3-2 所示。

表 3-2 例 3-1 的短路计算结果

短路计算点	三相短路电流（kA）					三相短路容量（MV·A）
	$I_k^{(3)}$	$I''^{(3)}$	$I_\infty^{(3)}$	$i_{sh}^{(3)}$	$I_{sh}^{(3)}$	$S_k^{(3)}$
k1 点	2.83	2.83	2.83	7.22	4.27	51.47
k2 点	41.90	41.90	41.90	77.10	45.67	29.03

3.3.3 采用标幺值法进行短路计算

标幺值法也称相对单位制法，因其短路计算中的有关物理量采用标幺值（也称相对单位）而得名。

任意一个物理量的标幺值 A^* 为该物理量的实际值 A 与所选定的基准值 A_d 之比，即

$$A^* = \frac{A}{A_d} \qquad (3-27)$$

式中，基准值 A_d 与实际值 A 应属于同一个单位，标幺值是一个无单位的比数。按标幺值法进行短路计算时，一般是先选定基准容量 S_d 和基准电压 U_d。基准容量：工程计算中通常取 $S_d = 100\ \mathrm{MV \cdot A}$；基准电压：通常取元件所在处的短路计算电压，即 $U_d = U_c$。选定了基准容量 S_d 和基准电压 U_d 后，基准电流 I_d 为

$$I_d = \frac{S_d}{\sqrt{3}U_d} = \frac{S_d}{\sqrt{3}U_c} \qquad (3-28)$$

基准电抗 X_d 为

$$X_d = \frac{U_d}{\sqrt{3}I_d} = \frac{U_c^2}{S_d} \qquad (3-29)$$

下面分别讲述供电系统中各主要元件的电抗标幺值的计算（取 $S_d = 100\ \mathrm{MV \cdot A}$，$U_d = U_c$）。

（1）电力系统的电抗标幺值为

$$X_S^* = X_S / X_d = \frac{U_c^2}{S_{oc}} \bigg/ \frac{U_c^2}{S_d} = \frac{S_d}{S_{oc}} \qquad (3-30)$$

（2）电力变压器的电抗标幺值为

$$X_T^* = X_T / X_d = \frac{U_k\%}{100} \frac{U_c^2}{S_N} \bigg/ \frac{U_c^2}{S_d} = \frac{U_k\% S_d}{100 S_N} \qquad (3-31)$$

（3）电力线路的电抗标幺值为

$$X_{WL}^* = X_{WL} / X_d = X_o l \bigg/ \frac{U_c^2}{S_d} = X_o l \frac{S_d}{U_c^2} \qquad (3-32)$$

求出短路回路中各主要元件的电抗标幺值后，即可利用其等效电路图（参见图 3-6）进行电路化简，计算其总电抗标幺值 X_Σ^*。由于各元件电抗均采用相对值，即与短路计算点的电压无关，因此无须进行电压换算，这也是标幺值法较有名值法的优越之处。

无限大容量系统三相短路周期分量有效值的标幺值为

$$I_k^{(3)*} = I_k^{(3)} / I_d = \frac{U_c}{\sqrt{3}X_\Sigma} \bigg/ \frac{S_d}{\sqrt{3}U_c} = \frac{U_c^2}{S_d X_\Sigma} = \frac{1}{X_\Sigma^*} \qquad (3-33)$$

由此可求得三相短路电流周期分量有效值为

$$I_k^{(3)} = I_k^{(3)*} I_d = I_d / X_\Sigma^* \qquad (3-34)$$

求得 $I_k^{(3)}$ 后，即可求出 $I_k''^{(3)}$、$I_\infty^{(3)}$、$i_{sh}^{(3)}$ 和 $I_{sh}^{(3)}$ 等。

三相短路容量的计算公式为

$$S_k^{(3)} = \sqrt{3}U_c I_k^{(3)} = \sqrt{3}U_c I_d / X_\Sigma^* = S_d / X_\Sigma^* \qquad (3-35)$$

【例 3-2】试用标幺值法计算例 3-1 的供电系统中 k1 点和 k2 点的三相短路电流和短路容量。

解：（1）确定基准值。取 $S_d = 100\ \mathrm{MV \cdot A}$，$U_{c1} = 10.5\mathrm{kV}$，$U_{c2} = 0.4\mathrm{kV}$，则有

$$I_{d1} = \frac{S_d}{\sqrt{3}U_{c1}} = \frac{100}{\sqrt{3} \times 10.5} = 5.50\mathrm{kA}$$

$$I_{d2} = \frac{S_d}{\sqrt{3}U_{c2}} = \frac{100}{\sqrt{3} \times 0.4} = 144\mathrm{kA}$$

（2）计算短路回路中各主要元件的电抗标幺值。

① 电力系统的电抗标幺值为（$S_{oc} = 454.65\ \text{MV·A}$）

$$X_1^* = 100 / 454.65 = 0.22$$

② 架空线路的电抗标幺值为（由表 3-1 得 $X_0 = 0.38\Omega / \text{km}$）

$$X_2^* = 0.38 \times 5 \times \frac{100}{10.5^2} = 1.72$$

③ 电力变压器的电抗标幺值为

$$X_3^* = X_4^* = X_5^* = \frac{U_k\% S_d}{100 S_N} = \frac{4.5 \times 100 \times 10^3}{100 \times 1000} = 4.5$$

绘短路等效电路如图 3-6 所示，图 3-6 上标出各元件的序号和电抗标幺值，并标出短路计算点。

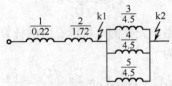

图 3-6　例 3-2 的短路等效电路（标幺值法）

（3）求 k1 点的短路回路总电抗标幺值及三相短路电流和短路容量。

① 总电抗标幺值为

$$X_{\Sigma(k1)}^* = X_1^* + X_2^* = 0.22 + 1.72 = 1.94$$

② 三相短路电流周期分量有效值为

$$I_{k1}^{(3)} = I_{d1} / X_{\Sigma(k1)}^* = 5.50 / 1.94 = 2.84\text{kA}$$

③ 其他三相短路电流为

$$I_{k1}^{\prime\prime(3)} = I_\infty^{(3)} = I_{k1}^{(3)} = 2.84\text{kA}$$
$$i_{sh}^{(3)} = 2.55 \times 2.84 = 7.24\text{kA}$$
$$I_{sh}^{(3)} = 1.51 \times 2.84 = 4.29\text{kA}$$

④ 三相短路容量为

$$S_{k1}^{(3)} = S_d / X_{\Sigma(k1)}^* = 100 / 1.94 = 51.55\ \text{MV·A}$$

（4）求 k2 点的短路回路总电抗标幺值及三相短路电流和短路容量。

① 总电抗标幺值为

$$X_{\Sigma(k2)}^* = X_1^* + X_2^* + X_3^* // X_4^* // X_5^* = 0.22 + 1.72 + \frac{4.5}{3} = 3.44$$

② 三相短路电流周期分量有效值为

$$I_{k2}^{(3)} = I_{d2} / X_{\Sigma k2}^* = 144 / 3.44 = 41.86\text{kA}$$

③ 其他三相短路电流为

$$I_{k2}^{\prime\prime(3)} = I_\infty^{(3)} = I_{k2}^{(3)} = 41.86\text{kA}$$
$$i_{sh}^{(3)} = 1.84 \times 41.86 = 77.02\text{kA}$$
$$I_{sh}^{(3)} = 1.09 \times 41.86 = 45.03\text{kA}$$

④ 三相短路容量为

$$S_{k2}^{(3)} = S_d / X_{\Sigma k2}^* = 100 / 3.44 = 29.07\ \text{MV·A}$$

由此可见，采用标幺值法计算与例 3-1 采用有名值法计算的结果基本相同。

3.3.4　两相和单相短路电流的计算

1. 两相短路电流的计算

无限大容量系统中发生两相短路（见图 3-7），其短路电流为

$$I_k^{(2)} = \frac{U_c}{2|Z_\Sigma|} \tag{3-36}$$

式中，U_c 为短路点计算电压（线电压）。

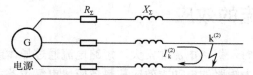

图 3-7　无限大容量系统中发生两相短路电路图

若只计电抗，则短路电流为

$$I_k^{(2)} = \frac{U_c}{2X_\Sigma} \tag{3-37}$$

其他两相短路电流 $I''^{(2)}$、$I_\infty^{(2)}$、$i_{sh}^{(2)}$ 和 $I_{sh}^{(2)}$ 等，都可按前面三相短路的对应短路电流的公式计算。

关于两相短路电流与三相短路电流的关系，可由 $I_k^{(2)} = \dfrac{U_c}{2|Z_\Sigma|}$、$I_k^{(3)} = \dfrac{U_c}{\sqrt{3}|Z_\Sigma|}$ 求得，即

$$\frac{I_k^{(2)}}{I_k^{(3)}} = \frac{\sqrt{3}}{2} = 0.866$$

因此

$$I_k^{(2)} = \frac{\sqrt{3}}{2}I_k^{(3)} = 0.866 I_k^{(3)} \tag{3-38}$$

式（3-38）说明，无限大容量系统中，同一个地点的两相短路电流为三相短路电流的 0.866 倍。因此，无限大容量系统中的两相短路电流可在求出三相短路电流后利用式（3-38）直接求得。

2. 单相短路电流的计算

在大接地电流系统或三相四线制系统中发生单相短路时（参见图 3-1(c)、(d)），根据对称分量法可求得其单相短路电流为

$$\dot{I}_k^{(1)} = \frac{3\dot{U}_\varphi}{Z_{1\Sigma} + Z_{2\Sigma} + Z_{0\Sigma}} \tag{3-39}$$

式中，$\dot{U}_\varphi$ 为电源相电压；$Z_{1\Sigma}$，$Z_{2\Sigma}$，$Z_{0\Sigma}$ 分别为单相短路回路的正序、负序和零序阻抗。

在工程计算中，单相短路电流为

$$I_k^{(1)} = \frac{U_\varphi}{|Z_{\varphi-0}|} \tag{3-40}$$

式中，U_φ 为电源相电压；$|Z_{\varphi-0}|$ 为单相短路回路的阻抗模，该值可查有关手册，或按式（3-41）计算，即

$$|Z_{\varphi-0}| = \sqrt{(R_T + R_{\varphi-0})^2 + (X_T + X_{\varphi-0})^2} \tag{3-41}$$

式中，R_T，X_T 分别为变压器单相的等效电阻和电抗；$R_{\varphi-0}$，$X_{\varphi-0}$ 分别为相线与 N 线或与 PE 或与 PEN 线的回路（短路回路）的电阻和电抗，包括回路中低压断路器过流线圈的阻抗、开关触头的接触电阻及电流互感器一次绕组的阻抗等，该值可查相关手册或产品样本确定。

在无限大容量系统中或远离发电机处短路时，两相短路电流和单相短路电流均较三相短路电流小，因此用于选择电气设备和导体的短路稳定度校验的短路电流应采用三相短路电流。两相短路电流主要用于两相间短路保护的灵敏度检验；单相短路电流主要用于单相短路保护的整定及单相短路热稳定度的校验。

3.4 短路电流的效应

供配电系统发生短路时，短路电流非常大。短路电流通过导体或电气设备，会产生很大的电动力和很高的温度，称为短路的电动力效应和热效应。电气设备和导体应能承受这两种效应的作用，满足动、热稳定的要求。下面分别分析短路电流的电动力效应和热效应。

3.4.1 短路电流的电动力效应

导体通过电流时相互间电磁作用产生的力，称为电动力。正常工作时电流不大，电动力很小。短路时，特别是短路冲击电流流过瞬间，产生的电动力很大，可能造成机械损伤。

1. 两平行载流导体间的电动力

由电工基础可知，位于空气中的两平行导体中流过的电流分别为 i_1 和 i_2（单位为 A），i_1 产生的磁场在导体 2 处的磁感应强度为 B_1，i_2 产生的磁场在导体 1 处的磁感应强度为 B_2，如图 3-8 所示，两导体间由电磁作用产生的电动力的方向由左手定则决定，大小相等，方向相反，其值由下式决定

$$F = 2K_f i_1 i_2 \frac{l}{a} \times 10^{-7} \tag{3-42}$$

式中，F 为两平行载流导体间的电动力（N）；l 为导体的两相邻支持点间的距离（cm）；a 为两导体轴线间距离（cm）；K_f 为形状系数，圆形、管形导体 $K_f = 1$，矩形导体根据 $\dfrac{a-b}{b+h}$ 和 $m = \dfrac{b}{h}$ 由图 3-9 所示曲线查得（b 和 h 分别为导体的宽和高）。

从图 3-9 中可以看出，形状系数 K_f 在 0～1.4 之间变化。当矩形导体平放时，$m > 1$，$K_f > 1$；矩形导体竖放时，$m < 1$，$K_f < 1$；正方形导体时，$m = 1$，$K_f \approx 1$。当 $\dfrac{a-b}{b+h} \geq 2$，即两矩形导体之间距离大于等于导体周长时，$K_f \approx 1$，说明此时可不进行导体形状的修正。

2. 三相平行载流导体间的电动力

三相平行的导体中流过的电流对称，且分别为 i_A，i_B，i_C，每两导体间由电磁作用产生电动力，A 相导体受到的电动力为 F_{AB}、F_{AC}，B 相导体受到的电动力为 F_{BC}、F_{BA}，C 相导体受到的电动力为 F_{CA}、F_{CB}，如图 3-10 所示。经分析可知，中相导体受到的电动力最大，并可按下式计算

$$F = \sqrt{3} K_f I_m^2 \frac{l}{a} \times 10^{-7} \tag{3-43}$$

式中，I_m 为线电流幅值；K_f 为形状系数。

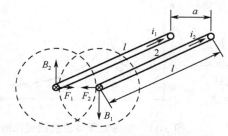

图 3-8　两平行导体间的电动力

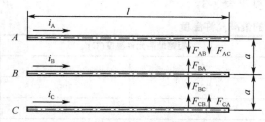

图 3-10　三相平行导体间的电动力

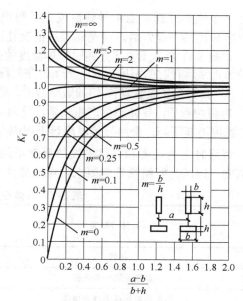

图 3-9　矩形导体的形状系数

3. 短路电流的电动力

由式（3-43）计算三相短路产生的最大电动力为

$$F^{(3)} = \sqrt{3} K_f i_{sh}^{(3)2} \frac{l}{a} \times 10^{-7} \qquad (3-44)$$

由式（3-49）计算两相短路产生的最大电动力为

$$F^{(2)} = 2 K_f i_{sh}^{(2)2} \frac{l}{a} \times 10^{-7} \qquad (3-45)$$

由于两相短路冲击电流与三相短路冲击电流的关系为

$$i_{sh}^{(2)} = \frac{\sqrt{3}}{2} i_{sh}^{(3)}$$

因此，两相短路和三相短路产生的最大电动力也具有下列关系

$$F^{(2)} = \frac{\sqrt{3}}{2} F^{(3)} \qquad (3-46)$$

由此可见，三相短路时导体受到的电动力比两相短路时导体受到的电动力大。因此,校验电气设备或导体的动稳定时，应采用三相短路冲击电流或冲击电流有效值。

3.4.2　短路电流的热效应

1. 短路发热的特点

导体通过电流，产生电能损耗，转换成热能，使导体温度上升。正常运行时，导体通过负荷电流，产生的热能使导体温度升高，同时向导体周围介质散失。当导体内产生的热量等于向介质散失的热量时，导体的温度维持不变。

短路时由于继电保护装置动作切除故障，短路电流的持续时间很短，可近似认为很大的短路电流在很短时间内产生的很大热量全部用来使导体温度升高，不向周围介质散热，即短路发热是一个绝热过程。由于导体温度上升得很快，因而导体的电阻和比热不是常数，而是随温度的变化而变化的。

如图 3-11 所示反映了短路时导体温度的变化情况。短路前导体正常运行时的温度为 θ_L，在 t_1 发生短路，导体温度迅速上升；在 t_2 保护装置动作，切除短路故障，导体温度达到了 θ_K。短路切除后，导体不再产生热量，只向周围介质散热，导体温度不断下降，最终导体温度等于周围介质温度 θ_0。

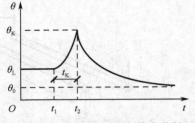

图 3-11　短路时导体温度的变化情况

短路时电气设备和导体的发热温度不超过短路最高允许温度，则满足短路热稳定要求。短路最高允许温度见表 3-3。

表 3-3　导体在短路时的最高允许温度

导体种类	短路最高允许温度(℃)	
	铜	铝
母线	300	200
交联聚乙烯绝缘电缆	250	200
聚氯乙烯绝缘导线和电缆	160	160
橡胶绝缘导线和电缆	150	150
油浸纸绝缘电缆	≤10kV，250	≤10kV，200
	35kV，125	35kV，125

2．短路热平衡方程

如前所述，短路发热可近似为绝热过程，短路时导体内产生的能量等于导体温度升高吸收的能量，导体的电阻率和比热也随温度而变化，其热平衡方程为

$$0.24\int_{t_1}^{t_2} I_{K(t)}^2 R \mathrm{d}t = \int_{\theta_L}^{\theta_K} cm\mathrm{d}\theta \tag{3-47}$$

将 $R = \rho_0(1+\alpha\theta)\dfrac{1}{S}$，　$c = c_0(1+\beta\theta)$，　$m = \gamma lS$ 代入上式，得

$$0.24\int_{t_1}^{t_2} I_{K(t)}^2 \rho_0(1+\alpha\theta)\frac{1}{S}\mathrm{d}t = \int_{\theta_L}^{\theta_K} c_0(1+\beta\theta)\gamma lS\mathrm{d}\theta \tag{3-48}$$

整理上式后，有

$$\frac{1}{S^2}\int_{t_1}^{t_2} I_{K(t)}^2 \mathrm{d}t = \frac{c_0\gamma}{0.24\rho_0}\int_{\theta_L}^{\theta_K}\frac{1+\beta\theta}{1+\alpha\theta}\mathrm{d}\theta = \frac{c_0\gamma}{0.24\rho_0}\left[\frac{\alpha-\beta}{\alpha^2}\ln(1+\alpha\theta)+\frac{\beta}{\alpha}\theta\right]\Big|_{\theta_L}^{\theta_K} = A_K - A_I \tag{3-49}$$

式中，ρ_0 是导体 0℃ 时的电阻率（$\Omega\cdot\mathrm{mm}^2/\mathrm{km}$）；$\alpha$ 为 ρ_0 的温度系数；c_0 为导体 0℃ 时的比热容；β 为 c_0 的温度系数；γ 为导体材料的密度；S 为导体的截面积（mm^2）；l 为导体的长度（km）；$I_{K(t)}$ 为短路全电流的有效值（A）；A_K 和 A_L 为短路和正常的发热系数，对某导体材料，A 值仅是温度的函数，即 $A = f(\theta)$。

3．短路产生的热量

短路全电流的幅值和有效值也随时间而变化，这就使热平衡方程的计算十分困难和复杂。因此，一般采用等效方法计算，即用稳态短路电流计算实际短路电流产生的热量。由于稳态短路电流不同于短路全电流，需要假定一个时间，称为假想时间 t_{ima}。在此时间内，稳态短路电流所

产生的热量等于短路全电流 $I_{K(t)}$ 在实际短路持续时间内所产生的热量，如图 3-12 所示，短路电流产生的热量可按下式计算

$$\int_0^{t_K} I_{K(t)}^2 R \mathrm{d}t = I_\infty^2 t_{ima} \qquad （3-50）$$

短路发热假想时间可按下式计算

$$t_{ima} = t_K + 0.05\left(\frac{I''}{I_\ddot{Y}}\right)^2 \qquad （3-51）$$

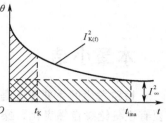

图 3-12　短路发热假想时间

式中，t_K 为短路持续时间，它等于继电保护动作时间 t_{op} 和断路器断路时间 t_{oc} 之和，即

$$t_K = t_{op} + t_{oc} \qquad （3-52）$$

断路器的断路时间可查阅有关产品手册，一般对慢速断路器取 0.2s，快速和中速断路器可取 0.1s。在无限大功率电源供电系统中发生短路，由于 $I'' = I_\infty$，式（3-51）变为

$$t_{ima} = t_K + 0.05 \qquad （3-53）$$

当 $t_K > 1s$ 时，可以近似认为 $t_{ima} = t_K$。

4．导体短路发热温度

如上所述，为使导体短路发热温度计算简便，工程上一般利用导体发热系数 A 与导体温度 θ 的关系曲线来确定短路发热温度 θ_K。

图 3-13 是 $A = f(\theta)$ 关系曲线，横坐标表示导体发热系数 A（A·s/mm⁴），纵坐标表示导体温度 θ（℃）。

由 θ_L 求 θ_K 的步骤如下（参看图 3-14）：

① 由导体正常运行时的温度 θ_L 从 $\theta \sim A$ 曲线查出导体正常发热系数 A_L。

② 计算导体短路发热系数 A_K

$$A_K = A_L + \frac{I_\infty^2}{S^2} t_{ima} \qquad （3-54）$$

式中，S 为导体的截面积（mm²）；I_∞ 为稳态短路电流(A)；t_{ima} 为短路发热假想时间（s）。

③ 由 A_K 从 $A = f(\theta)$ 曲线查得短路发热温度 θ_K。

5．短路热稳定最小截面

导体短路发热温度达到短路发热允许温度时的截面，称为导体的短路热稳定最小截面 $S_{th.min}$。

根据导体短路发热允许温度 $\theta_{K.al}$，由 $A = f(\theta)$ 曲线计算导体短路热稳定的最小截面的方法如下：

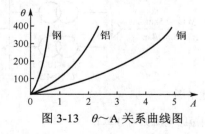

图 3-13　$\theta \sim A$ 关系曲线图

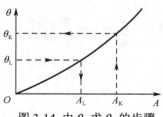

图 3-14　由 θ_L 求 θ_K 的步骤

由 θ_L 和 $\theta_{K.al}$，从 $\theta \sim A$ 曲线分别查出 A_L 和 $A_{K.al}$。

计算短路热稳定最小允许截面 $S_{th.min}$，即

$$S > S_{\text{th.min}} = I_\infty^{(3)} \frac{\sqrt{t_{\text{ima}}}}{C} \tag{3-55}$$

本章小结

短路发生的主要原因是电力系统中电气设备载流导体的绝缘损坏。造成绝缘损坏的原因主要有设备绝缘自然老化、操作过电压、大气过电压、污秽和绝缘受到机械损伤等。

在三相系统中，短路的主要类型有三相短路、两相短路、两相接地短路和单相短路。其中，三相短路电流最大，造成的危害也最严重；单相短路发生的概率最大。

在供电系统中，需计算的短路参数有 I_k、I''、I_∞、i_{sh}、I_{sh} 和 S_K。常用的计算方法有有名值法和标幺值法。

当供电系统发生短路时，短路电流将产生电动力效应和热效应，可能使电气设备受到严重破坏。

习题 3

1. 电力系统短路的主要原因是什么？电力系统短路的后果是什么？

2. 什么是无限大容量电力系统？无限大容量电力系统有什么特点？

3. 什么是短路电流的热效应？如何计算？

4. 什么是短路冲击电流 i_{sh} 和 I_{sh}？什么是短路次暂态电流 I'' 和短路稳态电流 I_∞？

5. 什么是标幺值？如何选取基准值？

6. 某供电系统如图 3-12 所示，无限大容量电力系统出口断路器 QF 断流容量为 300MV·A，工厂变电所有一台 S11-800/10 的变压器（$U_k\%=4.5$），试用标幺值法计算经变压器后 k 点短路电流 $I_k^{(3)}$、$I''^{(3)}$、$I_\infty^{(3)}$、$i_{sh}^{(3)}$、$I_{sh}^{(3)}$ 及短路容量 $S_k^{(3)}$。

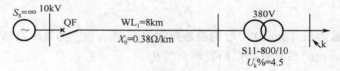

图 3-12　习题 6 图

7. 某供电系统如图 3-13 所示，已知电力系统出口断路器采用型号为 ZN$_{12}$-12 真空断路器，其额定电流为 1250A，额定短路开断电流为 25kA，试用标幺值法求 k1、k2 两点的 $I_k^{(3)}$、$i_{sh}^{(3)}$ 及短路容量 $S_k^{(3)}$ 值。

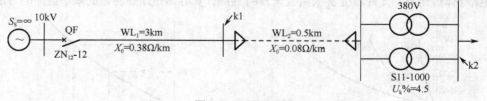

图 3-13　习题 7 图

8. 在无限大容量电力系统中，两相短路电流和单相短路电流如何计算？

9. 短路电流的电动效应如何计算？为什么要采用短路冲击电流进行计算？

10. 电动机对短路电流有什么影响？

11. 什么是短路发热的假想时间？如何计算？

第 4 章　变配电所及其一次回路

变配电所是供配电系统的枢纽，担负着供电和配电的任务。变配电所及其一次回路是供配电系统的重要组成部分，是变配电所设计的重要环节。

4.1　概述

1．变配电所

变配电所分为变电所和配电所，变电所的任务是从电力系统接收电能、变换电压和分配电能。配电所的任务是从电力系统接收电能和分配电能，不进行电压变换。

2．一、二次回路及设备

变配电所中担负输送和分配电能任务的电路称为一次回路，也称为主电路。一次回路中的所有电气设备统称为一次设备，如电力变压器、断路器、互感器等。凡是用来控制、指示、监测和保护一次回路及其中设备运行的电路，称为二次回路。二次回路中的所有电气设备统称为二次设备，如仪表、继电器、操作电源等。

一次设备按其功能可分以下几类。

（1）交换设备：其功能是按电力系统运行的要求来改变电压或电流，如电力变压器、各类互感器等。

（2）控制设备：其功能是按电力系统运行的要求来控制一次回路的通与断，如各种高、低压开关设备。

（3）保护设备：其功能是对电力系统进行短路、过电流和过电压等的保护，如断路器和避雷器等。

（4）无功补偿设备：其功能是减小电力系统的无功功率以提高系统的功率因数，如并联电容器。

（5）成套设备：它是按一次回路接线方案的要求，将有关一、二次设备组合为一体的电气装置，如高压开关柜、低压配电屏、动力和照明配电箱等。

变电所一次设备的文字符号和图形符号如表 4-1 所示。

表 4-1　变电所一次设备的文字符号和图形符号

序号	名称	文字符号	图形符号	序号	名称	文字符号	图形符号	序号	名称	文字符号	图形符号
1	高、低压断路器	QF		2	高压隔离开关	QS		3	高压负荷开关	QL	

序号	名称	文字符号	图形符号	序号	名称	文字符号	图形符号	序号	名称	文字符号	图形符号
4	高、低压熔断器	FU		5	低压刀开关	QS		6	电流互感器	TA	
7	避雷器	F		8	变压器	T		9	电压互感器	TV	

4.2 电力变压器

4.2.1 变压器的分类与型号

1. 变压器的分类

变压器按用途一般分为电力变压器和特殊变压器两种。电力变压器是供配电系统中最关键的一次设备，主要用于公用电网和工业电网中。电力变压器的具体类型有很多，常用的有以下几种。

（1）按功能分为升压变压器和降压变压器两种。在远距离供配电系统中，为了把发电机发出的较低的电压等级升高为较高的电压等级，需要安装升压变压器，而对于直接供电给各类用户的终端变电所，则采用降压变压器。

（2）按相数分为单相变压器和三相变压器两种。用户变电所一般采用三相变压器。

（3）按调压方式分为无载调压变压器和有载调压变压器两种。无载调压变压器一般用于对电压水平要求不高的场所，特别是 10kV 及以下的配电变压器，否则采用有载调压变压器。

（4）按绕组导体材质分为铜绕组变压器和铝绕组变压器。过去我国企业变电所大多采用铝绕组变压器，但现在低损耗、大容量的铜绕组变压器已得到更广泛的应用。

（5）按绕组形式分为双绕组变压器、三绕组变压器和自耦变压器三种。双绕组变压器用于变换一种电压的场所；三绕组变压器用于需要两种电压的场所，该变压器有一个一次绕组，两个二次绕组；自耦变压器大多用在实验室中供调压使用。

（6）按绕组绝缘及冷却方式分为油浸式变压器、干式变压器和充气式（SF₆）变压器等。其中，油浸式变压器又分为油浸自冷式变压器、油浸风冷式变压器、油浸水冷式变压器和强迫油循环冷却式变压器等；干式变压器又分为浇注式变压器、开启式变压器、封闭式变压器等。油浸式变压器具有较好的绝缘性和散热性，且价格较低，便于检修，因此被广泛使用，但由于油的可燃性，因此该变压器不能用于易燃、易爆和安全防火要求较高的场所；干式变压器结构简单、体积小、质量轻且防火、防尘、防潮，虽然价格较同容量的油浸式变压器高，但在安全防火要求较高的场所被广泛使用。充气式变压器是利用充填的气体进行绝缘和散热的，具有优良的电气性能，主要用于安全防火要求较高的场所，并常与其他重启电器配合，组成成套装置。

（7）按特殊用途分为整流变压器、电炉变压器、电焊变压器、矿用变压器、船用变压器、中频变压器和调压变压器等。

2．变压器的型号

国产电力变压器的型号如图 4-1 所示。

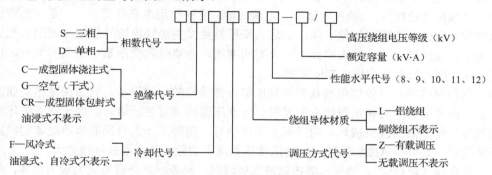

S—三相
D—单相 ── 相数代号

C—成型固体浇注式
G—空气（干式）
CR—成型固体包封式
油浸式不表示 ── 绝缘代号

F—风冷式
油浸式、自冷式不表示 ── 冷却代号

高压绕组电压等级（kV）
额定容量（kV·A）
性能水平代号（8、9、10、11、12）

绕组导体材质 ── L—铝绕组
铜绕组不表示

调压方式代号 ── Z—有载调压
无载调压不表示

图 4-1　国产电力变压器的型号

例如，S11-800/10 为三相铜绕组油浸式电力变压器，设计序号为 11，额定容量为 800kV·A，高压绕组电压为 10kV。

4.2.2　变压器的结构及主要技术参数

1．变压器的结构

电力变压器是利用电磁感应原理进行工作的，因此最基本的结构组成是电路和磁路两部分。变压器的电路部分就是它的绕组，对于降压变压器，与系统电路和电源连接的绕组称为一次绕组，与负载连接的绕组称为二次绕组；变压器的铁芯构成了磁路，铁芯由铁轭和铁芯柱组成，绕组套在铁芯柱上；为了减少变压器的涡流和磁滞损耗，采用表面涂有绝缘漆膜的硅钢片交错叠成铁芯。常用三相油浸式电力变压器如图 4-2 所示。

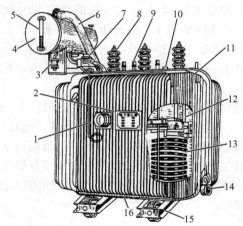

1—信号温度计；2—铭牌；3—吸湿器；4—储油柜；5—油标；6—安全气道；7—气体继电器；8—高压套管；
9—低压套管；10—分接开关；11—油箱；12—铁芯；13—绕组；14—安全阀；15—小车；16—接地螺栓

图 4-2　常用三相油浸式电力变压器

（1）油箱：油箱由箱体、箱盖、散热装置、放油阀组成，其主要作用是把变压器连成一个整体进行散热。油箱内部有绕组、铁芯和油。油既有循环冷却和散热作用，又有绝缘作用。绕组与箱体有一定的距离，两者通过油箱内的油绝缘。

（2）高/低压套管：变压器的引出线从油箱内到油箱外，必须经过瓷质的绝缘套管，以使带电的导线与接地的油箱绝缘。电压越高，绝缘套管体积就越大，对电气绝缘要求也就越高。

（3）储油柜（油枕）：储油柜内储有一定量的油，它的作用主要有两个：一是补充变压器因油箱渗油和油温变化造成的油量下降；二是当变压器油发生热胀冷缩时保持与周围大气压力的平衡。其附件吸湿器与储油柜内油面上方空间相连通，能够吸收变压器中空气的水分，以保证油的绝缘性。储油柜上有油标，方便观察。

（4）气体继电器：气体继电器是保护变压器内部故障的一种设备。它装在油箱与储油柜的连接管上，内部装有两对带水银接头的浮筒。当变压器内部发生故障时，由于绝缘破坏而分解出来的气体迫使浮筒的接头接通，向控制室发出信号，提醒工作人员采取消除故障的措施。若发生严重故障，则另一对接头接通，把变压器从系统中切除，防止事故继续扩大。

（5）安全阀（防爆管）：当变压器内部发生短路时，油急剧地分解形成大量的气体，使油箱内的压力急增，有可能损坏油箱以致发生爆炸，这时安全阀出口处的玻璃会自行破裂，释放压力，并使油向一定方向流出。

（6）分接开关：用于改变变压器的绕组匝数以调节变压器的输出电压。分接开关分为有载调压分接开关和无载调压分接开关两种，用户配备的分接开关一般都是电压为 10kV、容量不超过 6300kV·A 的无载调压分接开关。该分接开关有Ⅰ、Ⅱ、Ⅲ三挡位置，相应的变压比分别为 10.5/0.4、10/0.4、9.5/0.4，分别适用于电压偏高、电压适中、电压偏低的情况。当分接开关在Ⅱ挡位置时，如二次侧电压偏高，应向上调至Ⅰ挡位置；若二次侧电压偏低，则应向下调至Ⅲ挡位置。无载调压分接开关的操作必须在停电后进行，改变挡位前后均需使用万用电表和电桥测量绕组的直流电阻，线间直流电阻偏差不得超过电阻平均值的 2%。

2. 变压器的主要技术参数

变压器的主要技术参数如下。

（1）额定电压：一次侧的额定电压为 U_{1N}，二次侧的额定电压为 U_{2N}。对于三相变压器，U_{1N} 和 U_{2N} 都是线电压值，单位一般用 kV 表示，低压也可用 V 表示。

（2）额定电流：变压器的额定电流指变压器在允许温度下，一、二次绕组长期工作所允许通过的最大电流，分别用 I_{1N} 和 I_{2N} 表示。对于三相变压器，I_{1N} 和 I_{2N} 都表示线电流，单位是 A。

（3）额定容量：变压器的额定容量是指在规定的环境条件下，变压器安装在室外时，在规定的使用年限（一般为 20 年）内能连续输出的最大视在功率，通常以 kV·A 为单位。按照规定，正常使用电力变压器的环境温度条件为：最高温度+40℃，最高日平均温度为+30℃，最高年平均温度为+20℃。户内变压器工作的最低温度为-5℃，户外变压器工作的最低温度为-30℃。规定油浸式变压器顶层油温不得超过周围温度的 55℃，如按规定的工作环境最高温度为+40℃，则变压器顶层油温不得超过+95℃。

3. 电力变压器的过负荷能力

电力变压器的过负荷能力是指电力变压器在一个较短时间内输出的功率，其值可能大于额定容量。由于变压器并不是长期在额定负荷下运行的，即一般变压器的昼夜负荷都有周期性变化，一年四季也有季节性变化，因此在很长时间内，变压器的实际负荷小于其额定容量，温升较低，绝缘老化的速度比正常规定的绝缘老化的速度慢。因此，在不缩短变压器绝缘正常使用期限的前提下，变压器具有一定的短期过负荷能力。变压器的过负荷能力分为正常过负荷能力和事故过负荷能力两种。

（1）电力变压器的正常过负荷能力。变压器正常运行时可连续工作 20 年，由于昼夜负荷变化和季节性变化而允许的变压器过负荷称为正常过负荷。变压器的正常过负荷时间是指在不影响寿命、不损坏变压器的情况下，允许过负荷持续的时间。

（2）电力变压器的事故过负荷能力。当电力系统或企业变电所发生事故时，为了保证对重要设备的连续供电，允许变压器在短时间内过负荷，这种过负荷为事故过负荷。变压器允许的事故过负荷倍数及持续时间如表 4-2 所示。若过负荷的倍数和时间超过允许值，则应按照相关规定减小变压器的负荷。

表 4-2　变压器允许的事故过负荷倍数及持续时间

过负荷倍数	1.3	1.45	1.6	1.75	2.0	2.4	3.0
持续时间/min	120	80	30	15	7.5	3.5	1.5

4.3　常用的高、低压电气设备

4.3.1　高压熔断器

熔断器是一种应用极广的过电流保护电器，其主要功能是对电路及电气设备进行短路保护，但有的熔断器也具有过负荷保护的功能。

企业供电系统中，室内广泛采用 RN1、RN2 等型号的高压管式熔断器，室外广泛采用 RW4、RW10-10F 等型号的跌开式熔断器。

1．RN1 与 RN2 型户内高压熔断器

RN1 型户内高压熔断器与 RN2 型户内高压熔断器的结构基本相同，两者都是瓷质熔管内填充石英砂的密闭管式熔断器。RN1 型户内高压熔断器主要用于高压线路和设备的短路保护，也能起到过负荷保护的作用，其熔体在正常情况下有通过主电路的负荷电流流过，因此其结构尺寸较大。RN2 型户内高压熔断器只用于电压互感器一次侧的短路保护，其熔体额定电流一般为0.5A，因此其结构尺寸较小。

2．RW10-10F 型户外高压跌开式熔断器

跌开式熔断器又称跌落式熔断器，广泛用于正常环境的室外场所，其功能是既可用于 6～10kV线路和设备的短路保护，又可在一定条件下，直接通过高压绝缘棒来操作熔管的分合。一般的跌开式熔断器（如 RW4-10(G)型等）只能无负荷操作，或通断小容量的空载变压器和空载线路等，其操作要求与第 4.3.2 节的高压隔离开关的操作要求相同。而负荷型跌开式熔断器（如RW10-10F）能带负荷操作，其操作要求与第 4.3.3 节的高压负荷开关的操作要求相同。

4.3.2　高压隔离开关

高压隔离开关的主要功能是隔离高压电源，以保证其他设备和线路安全检修，同时保证人身安全。隔离开关断开后具有明显的可见断开间隙，绝缘可靠。

高压隔离开关没有专门的灭弧装置，不能带负荷拉/合闸，但可以用来通断一定的小电流，

如励磁电流不超过 2A 的空载变压器、电容电流不超过 5A 的空载线路及电压互感器和避雷器电路等。

1．高压隔离开关的型号表示

高压隔离开关的型号如图 4-3 所示。

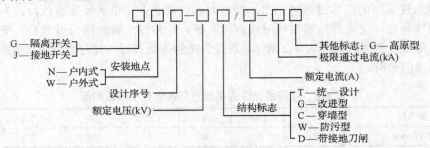

图 4-3　高压隔离开关的型号

2．高压隔离开关的结构原理

GN-10/600 型高压隔离开关的结构如图 4-4 所示。若高压隔离开关为闭合状态，当向下扳动操作机构中的手柄 150°时，在连杆作用下，拐臂顺时针方向转动 60°，这时刀开关与触头分断。

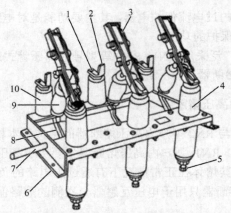

1—上接线端子；2—静触头；3—闸刀；4—套管绝缘子；5—下接线端子；
6—框架；7—转轴；8—拐臂；9—升降绝缘子；10—支柱绝缘子

图 4-4　GN-10/600 型高压隔离开关的结构

3．隔离开关倒闸操作原理

（1）合闸操作。合闸操作时对杆的操作必须迅速而果断，在合闸时用力不可过猛，以免损坏设备，操作完毕后应检查闸是否合上，使高压隔离开关完全进入固定触头，并检查接触的严密性。高压隔离开关与断路器配合使用控制电路时，断路器和高压隔离开关必须按照一定顺序操作，即先合高压隔离开关，后合断路器。

（2）分闸操作。分闸开始时应小心慢拉，当刀片刚要离开固定触头时应迅速拉开。特别是切断变压器的空载电流、架空线路和电缆的负荷电流时，拉开高压隔离开关时应迅速而果断，以便能迅速消弧。拉开隔离开关后，应检查隔离开关的每相是否都在断开位置，并使刀片尽量拉到头。分闸时应先分断路器,后分高压隔离开关。

4.3.3 高压负荷开关

高压负荷开关主要用于高压配电装置中的控制,用来通断正常的负荷电流和过负荷电流,并且隔离高压电源。高压负荷开关通常与高压熔断器配合使用,利用高压熔断器来切断短路电流。

(1)高压负荷开关的型号如图 4-5 所示。

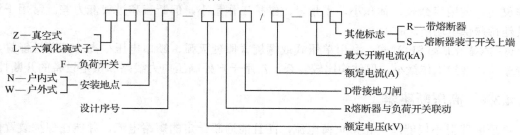

图 4-5　高压负荷开关的型号

(2)高压负荷开关的结构原理。高压负荷开关具有简单灭弧装置,且有明显可见的断点,就像高压隔离开关一样,因此高压负荷开关也称为功率隔离开关。由于高压负荷开关的灭弧装置比较简单,因此它不能用来切断短路电流。户内压气式负荷开关采用了传动机构带动气压装置的结构,分闸时喷射出压缩空气将电弧吹灭,灭弧性能较好,断流容量较大,但仍不能切断短路电流。

为保证在使用高压负荷开关的线路上,对短路故障也有保护作用,可采用带熔断器的高压负荷开关,用高压负荷开关实现对线路的通/断,用高压熔断器来切断短路故障电流。这种结构的高压负荷开关在一定条件下可代替高压断路器。图 4-6 为 FN3-10RT 型高压负荷开关的结构。

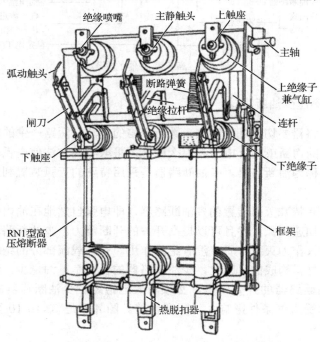

图 4-6　FN3-10RT 型高压负荷开关的结构

（3）高压负荷开关的分类及特点。

① 压气式：压气活塞与动触头联动，开断能力强，但断口电压较低，适于线路频繁操作的场所。

② 油浸式：利用电弧能量使绝缘油分解并汽化产生气体，吹灭电弧，油浸式高压负荷开关结构简单，但开断能力较差，寿命短，维护工作量大，有发生火灾的危险，因此常用于户外供配电线路的开断控制。

③ 真空式：由于真空式高压负荷开关的触头置于有一定真空度的容器中，因此灭弧效果好，操作灵活，使用寿命长，体积小，重量轻，维护工作量小，但断流和过载能力差。常用于地下或其他特殊供电场所。

④ 六氟化硫（SF_6）式：利用单压式或螺旋式原理灭弧，断口电压很高，开断性能好，使用寿命长，维护工作量小，但结构比较复杂，常用于户外高压电力线路和供电设备的开断控制。

4.3.4 高压断路器

高压断路器不仅能通断正常负荷电流，而且能通断一定的短路电流，并能在保护装置作用下自动跳闸，切除短路故障。

高压断路器有相当完善的灭弧结构。按其采用的灭弧介质可分为有油断路器、六氟化硫断路器、真空断路器、压缩空气断路器及磁吹断路器等。油断路器按其油量多少和油的功能又分为多油断路器和少油断路器两类。企业变配电所中的高压断路器多为少油断路器，六氟化硫断路器和真空断路器的应用也日益广泛。高压断路器的型号如图 4-7 所示。

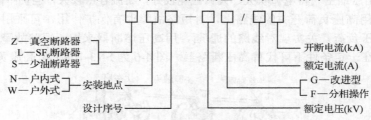

图 4-7　高压断路器的型号

1. SN10-10 型高压少油断路器

电力系统中的断路器要切断几十万伏、数万安培的电流，短路产生的电弧是不可能自然熄灭的，因此需要可靠的切断或闭合电路，那么就必须采取各种方法使电弧尽快熄灭。采用油作为灭弧介质的断路器称为油断路器。多油断路器是采用特殊的灭弧装置利用油在电弧高温下分解的气体吹灭电弧的。

当然，也存在没有特殊灭弧装置的多油断路器，即电弧自然地在油内熄灭。少油断路器利用各种不同的灭弧腔加速灭弧，并且可以提高开关的开断能力。少油断路器的开关触头在绝缘油中闭合和断开，油只作为灭弧介质，没有绝缘作用。开关载流部分的绝缘是借助空气和陶瓷绝缘材料或有机绝缘材料构成的。因此，少油断路器的优点是：油量少，结构简单，体积小，重量轻。另外，少油断路器的外壳带电，必须与大地绝缘。少油断路器的主要缺点是：检修周期短，在户外使用受大气条件影响大，配套性差。图 4-8 是 SN10-10 型高压少油断路器的外形图。

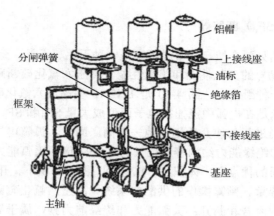

图 4-8　SN10-10 型高压少油断路器的外形图

　　目前，理论上不再采用少油断路器，但仍有少量用户在使用中。多油断路器因油量多、体积大、断流容量小、运行维护困难等缺点，已经被淘汰。

2. 高压真空断路器

　　高压真空断路器是利用真空灭弧的一种新型断路器，我国已成批生产 ZN 系列真空断路器，图 4-9 是 ZN3-10 型高压真空断路器的外形图。真空断路器的结构特点包括以下几个方面。

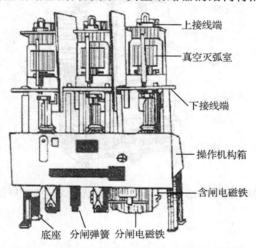

图 4-9　ZN3-10 型高压真空断路器的外形图

　　（1）采用无介质的真空灭弧室。真空中的介质恢复速度极快，因此在触头分开后，电流第一次过零（0.01s）时即被切断。

　　（2）真空中的绝缘强度极高，是空气的 14～15 倍，因此真空断路器的触头行程是很小的，且灭弧室的体积较小，使整个断路器的体积小、重量轻，并且安装调试简单、方便。

　　（3）真空断路器的固有分、合闸时间短，动作迅速，灭弧能力强，燃弧时间短。

　　（4）在额定条件下，真空断路器允许连续开断的次数多，适于频繁操作，具有多次重合闸的能力。

　　（5）真空断路器的结构简单，检修维护方便，无爆炸危险，不受外界气候条件的影响。

　　目前，真空断路器向高电压、大断流容量发展，开断短路电流已达 50kA，且可以多次合闸，可取代部分油断路器，能够满足高压配电网的要求。

3. 高压六氟化硫（SF₆）断路器

六氟化硫是一种新的灭弧介质，在常温下它是一种无色、无臭、无味、不可燃的惰性气体，化学性能稳定，具有极优异的灭弧性能和绝缘性能。高压六氟化硫断路器是采用六氟化硫作为绝缘介质和灭弧介质的一种断路器。图 4-10 是 LN2-10 型高压六氟化硫断路器的外形图。六氟化硫作为灭弧介质的特点是在电弧中能捕捉电子而形成大量 SF_6 和 SF_5 的负离子，负离子行动迟缓，有利于离子再结合的进行而使介质迅速地去游离。同时，弧隙电导率迅速下降而达到熄弧的目的，六氟化硫气体的绝缘能力约为普通空气的 2.5～3 倍，灭弧能力约为空气的 100 倍。

高压六氟化硫断路器的优点有：体积小、重量轻、占地面积小、开断能力强、断流容量大、动作速度快，适用于大容量、频繁操作的供配电系统。高压六氟化硫断路器的结构特点为：开关触头在六氟化硫气体中闭合和断开；灭弧能力和绝缘能力强，属于高速断路器，结构简单，无燃烧、爆炸等危险等；六氟化硫气体本身无毒，但在电弧的高温作用下，会产生氟化氢等有强烈腐蚀性的剧毒物质，因此检修时应注意防毒。在六氟化硫燃烧时，电弧电压特别低，燃弧时间短，触头烧损很轻微，检修周期长。高压六氟化硫断路器发展速度很快，其电压等级也在不断提高。

高压六氟化硫断路器的缺点是：电气性能受电场均匀程度及水分等杂质影响特别大，故对高压六氟化硫断路器的密封结构、元件结构及六氟化硫气体本身质量的要求相当严格。

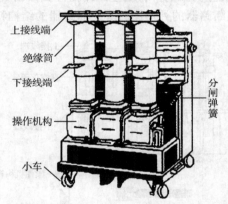

上接线端
绝缘筒
下接线端
分闸弹簧
操作机构
小车

图 4-10　LN2-10 型高压六氟化硫断路器的外形图

4.3.5　互感器

电流互感器又称为仪用变流器，电压互感器又称为仪用变压器，它们合称为互感器。从基本结构和工作原理上看，互感器就是一种特殊的变压器。

互感器的作用主要有以下两个方面。

（1）使仪表和继电器等二次设备与主电路绝缘，这样可避免主电路的高电压直接与仪表和继电器相连，又可避免发生故障的仪表和继电器影响主电路，从而提高整个一、二次回路运行的安全性和可靠性，并有利于保障操作人员的人身安全。

（2）扩大仪表和继电器等二次设备的应用范围，如 100V 的电压表可以通过具有不同变压比的电压互感器测量主电路的任意电压。并且互感器可使仪表和继电器等二次设备的规格统一，有利于这些二次设备的批量生产。

1. 电流互感器

（1）电流互感器的结构原理和接线方案。电流互感器的
原理图如图 4-11 所示，电流互感器的结构特点是：一次绕组
匝数很少，有的电流互感器没有一次绕组，而是利用穿过其
铁芯的一次回路导线作为一次绕组，一次绕组导体相当粗，
而二次绕组匝数很多，导体较细。工作时，一次绕组串联在
一次回路中，而二次绕组则与仪表和继电器等电流线圈串联，
形成一个闭合回路，由于这些电流线圈的阻抗很小，因此电
流互感器在工作时二次回路接近于短路状态。二次绕组的额
定电流一般为 5A，电流互感器的一次侧电流 I_1 与其二次侧电
流 I_2 之间的关系为

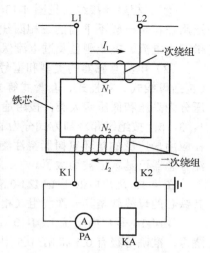

图 4-11　电流互感器的原理图

$$I_1 \approx \frac{N_2}{N_1} I_2 \approx K_i I_2 \qquad (4\text{-}1)$$

电流互感器在三相电路中的 4 种常用的接线方式如
图 4-12 所示。

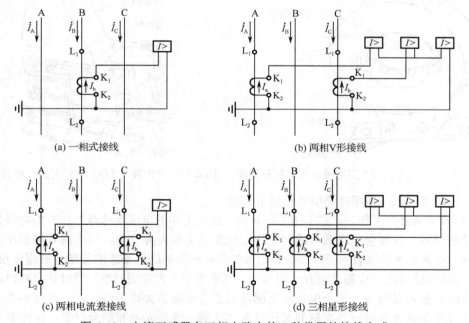

(a) 一相式接线　　　　　　　　　(b) 两相V形接线

(c) 两相电流差接线　　　　　　　(d) 三相星形接线

图 4-12　电流互感器在三相电路中的 4 种常用的接线方式

① 一相式接线（见图 4-13(a)），通常用于负荷平衡的三相电路（如低压动力线路）中，供
测量电流和接过负荷保护装置用。

② 两相 V 形接线（见图 4-13(b)），又称为两相不完全星形接线，在继电保护装置中，这种
接线方式称为两相两继电器接线或两相的相电流接线。在中性点不接地的三相三线制电路中（如
6～10kV 高压电路中），两相 V 形接线方式广泛用于测量三相电流及过电流继电保护的电路中。

③ 两相电流差接线（见图 4-13(c)），又称为两相交叉接线。这种接线方式适用于中性点不
接地的三相三线制电路中（如 6～10kV 高压电路中），用于电流继电保护，故这种接线方式也称
为两相一继电器接线。

④ 三相星形接线（见图 4-13(d)），这种接线方式的三个电流线圈正好反映各相的电流，广泛用在符合一般不平衡的三相四线制电路中，也可用在负荷可能不平衡的三相三线制电路中，供三相电流、电能测量及过电流保护用。

（2）电流互感器的类型和型号。电流互感器的类型有很多，按一次绕组的匝数分为单匝式（包括母线式、芯柱式、套管式等）和多匝式（包括线圈式、线环式、串级式等）；按一次侧电压分为高压和低压两大类；按用途分为测量用和保护用两大类；按准确等级分为 0.1，0.2，0.5，1，3，5；按绝缘和冷却方式分为油浸式和干式两大类。油浸式电流互感器主要用于户外，而现在应用最广泛的是环氧树脂浇注绝缘的干式电流互感器，特别是在户内配电装置中，油浸式电流互感器已基本上被淘汰了。

图 4-13 是户内低压 LMZJ-0.5 型电流互感器的外形图。该电流互感器不含一次绕组，穿过其铁芯的母线就是其一次绕组（相当于 1 匝），适用于 500V 及以下的低压配电装置中。

图 4-14 是户内高压 LQJ-10 型电流互感器的外形图。该电流互感器有两个铁芯和两个二次绕组，准确等级有 0.5 和 3，0.5 用于测量，3 用于继电保护。

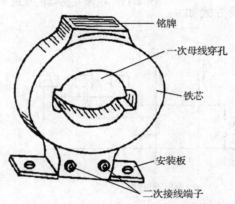 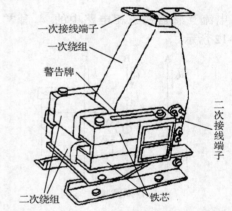

图 4-13　户内低压 LMZJ-0.5 型电流互感器的外形图　　图 4-14　户内高压 LQJ-10 型电流互感器的外形图

（3）电流互感器在使用时需要注意以下几点。

① 电流互感器在工作时，二次侧不得开路。正在工作的电流互感器的二次侧电路是不能断开的，若断开则二次侧会出现危险的高电压，危及设备和人身安全。如果需要将正在工作的电流互感器二次侧的测量仪表断开，那么必须预先将互感器的副线圈或需要断开的测量仪表短接。

② 电流互感器的二次侧必须有一端接地。当电力网上发生短路时，通过该电路电流互感器的原边电流就是短路电流，这个电流比互感器的额定电流值大好多倍。若二次侧不接地，则二次绕组间发生绝缘击穿时，一次侧的高压进入二次侧，危及人身和测量仪表、继电器等二次设备的安全。电流互感器在运行过程中，二次绕组应与铁芯同时接地运行。

③ 电流互感器连接时必须注意其端子的极性。

2．电压互感器

（1）电压互感器的类型和形式。电压互感器按相数分为单相和三相两大类；按绝缘和冷却方式分为油浸式和干式（含环氧树脂浇注）两大类。图 4-15 是 JDZJ-10 型电压互感器的外形图，该电压互感器应用广泛。JDZJ-10 型电压互感器为单相三绕组，环氧树脂浇注绝缘，其三相的额定电压分别为 $10000V/\sqrt{3}$、$100V/\sqrt{3}$、$100V/3$，三个 JDZJ-10 型电压互感器接成 $Y_0/Y_0/\triangle$ 形，该接线方式用在小电流接地的电力系统中供测量电压、电能及绝缘监视用。

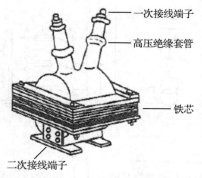

图 4-15　JDZJ-10 型电压互感器的外形图

（2）电压互感器的结构原理和接线方案。电压互感器的结构原理图如 4-16 所示。其结构特点是：一次绕组匝数很多，二次绕组匝数很少，相当于降压变压器。由于这些电压线圈的阻抗很大，因此电压互感器工作时二次侧接近于空载状态，二次绕组的额定电压一般为 100V。电压互感器的一次侧电压 U_1 与二次侧电压 U_2 的关系为

$$U_1 \approx \frac{N_1}{N_2}U_2 \approx KU_2 \tag{4-2}$$

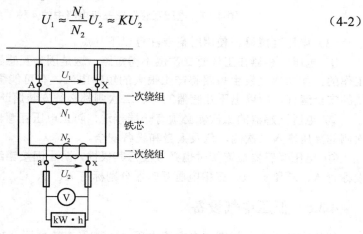

图 4-16　电压互感器的结构原理图

电压互感器在三相电路中，有 4 种常用的接线方式，如图 4-17 所示。

① 一相式接线（见图 4-17(a)）。采用一个单相电压互感器，供仪表和继电器测量一个线电压，用于备用线路的电压监视。

② 两相式接线（见图 4-17(b)）。采用两个单相电压互感器接成 V/V 形，供仪表和继电器测量 3 个线电压，广泛应用在企业变配电所 6～10kV 高压配电装置中。

③ Y_0/Y_0 形接线（见图 4-17(c)）。采用三个单相电压互感器接成 Y_0/Y_0 形，供仪表和继电器测量 3 个线电压和相电压，因此这种接线方式中测量相电压的电压表应按线电压选择，若按相电压选择电压表的量程，则在一次系统发生单相接地时，电压表可能被烧坏。

④ $Y_0/Y_0/\triangle$ 形接线（见图 4-17(d)）。采用三个单相三绕组电压互感器或一个三相五芯柱式电压互感器接成 $Y_0/Y_0/\triangle$（开口三角）形，其中一次绕组和一组二次绕组接成 Y_0 形，供仪表和继电器测量 3 个线电压和 3 个相电压；另一个二次绕组（零序绕组）接成开口三角形，测量零序电压，接电压继电器。当某一相接地时，开口三角形两端将出现近 100V 的电压（零序电压），使电压继电器动作，发出接地故障信号。

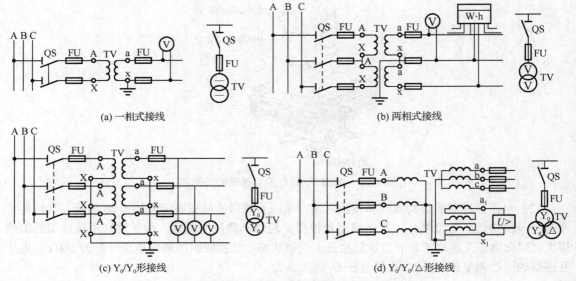

(a) 一相式接线　　　　　　　　　　　　(b) 两相式接线

(c) Y₀/Y₀形接线　　　　　　　　　　　(d) Y₀/Y₀/△形接线

图 4-17　电压互感器在三相电路中的 4 种常用的接线方式

（3）电压互感器在使用时需要注意以下几点。

① 电压互感器在工作时二次侧不得短路。这是因为互感器一、二次绕组都是在并联状态下工作的，如二次侧发生短路将产生很大的短路电流，有可能烧毁电压互感器，甚至危及一次系统的安全运行。所以电压互感器的一、二次侧都必须安装熔断器，而进行短路保护。

② 电压互感器的二次侧必须有一端接地，防止电压互感器一、二次绕组在绝缘击穿时，一次侧的高压串入二次侧，危及人身和设备安全。

③ 电压互感器在连接时也必须注意其极性，防止因接错线而引发事故，单相电压互感器分别标有 A、X 和 a、x。三相电压互感器分别标有 A、B、C、N 和 a、b、c、n。

4.3.6　低压电气设备

低压电气设备是指工作在交流电压 1200V（直流电压 1500V）以下的电气设备。本节主要介绍低压熔断器、低压断路器、低压刀开关和低压负荷开关等。

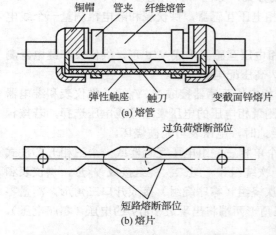

(a) 熔管

(b) 熔片

图 4-18　RM10 型低压密封管式熔断器

1. 低压熔断器

低压熔断器的功能主要是实现低压配电系统的短路保护，有的也能实现过负荷保护。低压熔断器的类型有很多，如插入式、螺旋式、无填料密封管式、有填料密封管式等。

（1）RM10 型低压密封管式熔断器

RM10 型低压密封管式熔断器由纤维熔管、变截面锌熔片和弹性触座等部分组成，如图 4-18 所示。安装在熔管内的熔体是变截面锌熔片，电路短路时，短路电流首先使熔片窄部（阻值较大）温度升高而熔断，在熔管内形成几段串联短电弧，而且由于各段熔片跌落，因此可以迅速拉长电弧，使短路电弧加速熄灭。在过负荷电流通过时，由于电流加热时间较长，窄部散热较好，因此往往不在窄部熔断，而在宽窄交接处熔断。根据熔片熔断的部位可以大致判断故障电流的性质。

当熔片熔断时，纤维熔管的内壁将有极少部分纤维物质因电弧灼烧而分解，产生高压气体，压迫电弧，加强离子的复合，进而改善灭弧性能。但是其灭弧断流能力仍较差，不能在短路电流的值达到冲击值前完全灭弧，所以这类熔断器属于非限流熔断器。

这类熔断器结构简单、价格低廉且更换方便，因此现在仍较普遍地应用在低压配电装置中。

（2）RT0 型低压有填料管式熔断器

RT0 型低压有填料管式熔断器主要由瓷熔管、栅状铜熔体和弹性触座等部分组成，如图 4-19 所示。其栅状铜熔体具有引燃栅，引燃栅的等电位作用可使熔体在短路电流通过时形成很多并联电弧。同时熔体又具有变截面小孔，可使熔体在短路电流通过时又将长弧分割为多段短弧。而且所有电弧都在石英砂中燃烧，可使电弧中的正、负离子强烈复合。因此，这种有填料管式熔断器的灭弧断流能力很强，具有限流作用。此外，其熔体中还具有锡桥，可利用"冶金效应"来实现较小短路电流和过负荷电流的保护。熔体熔断指示器从一端弹出，便于工作人员检查。

RT0 型低压有填料管式熔断器由于它的保护性能和断流能力较强，因此广泛应用在低压配电装置中。但它的熔体多为不可拆分式，熔断器一旦熔断就不能再继续使用了。

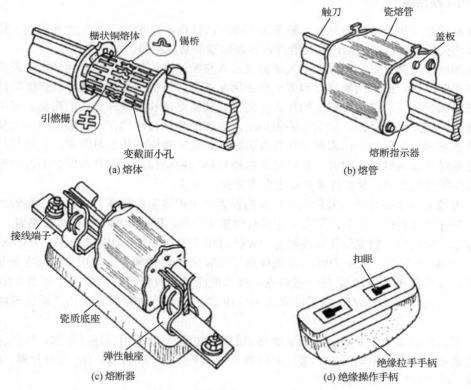

图 4-19　RT0 型低压有填料管式熔断器

（3）RZ1 型低压自复式熔断器

RM 型和 RT 型熔断器有一个共同的缺点，就是熔体一旦熔断后，必须更换熔体才能恢复供电，使中断供电的时间延长，给供电系统造成一定的停电损失。RZ1 型低压自复式熔断器就弥补了这个缺点，它既能切断短路电流，又能在短路故障消除后自动恢复供电，无须更换熔体。

我国设计生产的 RZ1 型低压自复式熔断器采用金属钠作为熔体，如图 4-20 所示。在常温下，钠的电阻率很小，可以顺畅地通过正常负荷电流，但在短路时，钠受热迅速气化，其电阻率变得很大，从而限制短路电流。在金属钠气化限流的过程中，装在熔断器一端的活塞将压缩氩气而迅速后退，降低了由于钠汽化产生的压力，以免熔管因承受不了过大的压力而爆破。在限流动作结束后，钠蒸气冷却，又恢复为固态钠。此时活塞在被压缩的氩气作用下，将金属钠推回原位，使之恢复正常的工作状态。这就是 RZ1 型低压自复式熔断器既能自动限流又能自动恢复供电的基本原理。

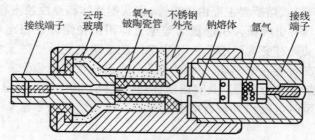

图 4-20　RZ1 型低压自复式熔断器

2. 低压断路器

低压断路器又称低压自动开关。低压断路器既能带负荷通/断电路，又能在短路、过负荷和低电压（或失压）时自动跳闸，其功能与高压断路器的功能类似。

低压断路器按其灭弧介质分为空气断路器和真空断路器；按其用途分为配电用断路器、电动机保护用断路器、照明用断路器和漏电保护用断路器；按保护性能分为非选择型断路器、选择型断路器和智能型断路器；按结构形式分为万能式断路器和塑料外壳式断路器。其中，非选择型断路器一般为瞬时动作，只供短路保护用，也有的为长延时动作，供限流用；选择型断路器有两段保护和三段保护，两段保护指具有瞬时或短延时动作和长延时动作，三段保护指具有瞬时、短延时和长延时或者瞬时、长延时和接地短路三种动作。智能型断路器的脱扣器受微机控制，其保护功能很多，保护性能的整定非常方便、灵活。

（1）万能式低压断路器。万能式低压断路器因其保护方案和操作方式较多，装设地点也相当灵活，故有"万能式"之名，又由于它具有框架式结构，因此又称为框架式断路器。

目前推广应用的万能式低压断路器有 DW15、DW15X、DW16、DW17（ME）、DW48（CB11）和 DW914（AH）等型。其中 DW16 型既保留了 DW10 型结构简单、使用和维修方便及价格低廉的优点，又克服了 DW10 型的一些缺点，技术性能显著改善，且安装尺寸与 DW10 型的安装尺寸完全相同，因此 DW16 型可以取代 DW10 型，成为一种新的、应用广泛的万能式低压断路器。

（2）塑料外壳式低压断路器。低压断路器的操作机构一般采用四连杆机构，可自由脱扣。从操作方式分为手动和电动两种。低压断路器的操作手柄有三个位置：① 合闸位置；② 自由脱扣位置；③ 分闸、再扣位置。

目前推广应用的塑料外壳式低压断路器有 DZ15、DZ20 和 DZX10 等型及利用引进技术生产的 H、C45N、3VE 等型，此外还有智能型低压断路器，如 DZ40 等型。

3. 低压刀开关和低压负荷开关

（1）低压刀开关。低压刀开关按操作方式分为单投和双投；按极数分为单极、双极和三极；

按灭弧结构分为不带灭弧罩和带灭弧罩。

不带灭弧罩的低压刀开关一般只能在无负荷下操作。由于低压刀开关断开后有明显可见的断开间隙，因此可作隔离开关使用。

带灭弧罩的低压刀开关能通/断一定的负荷电流，能有效熄灭负荷电流产生的电弧。HD13型低压刀开关如图 4-21 所示。

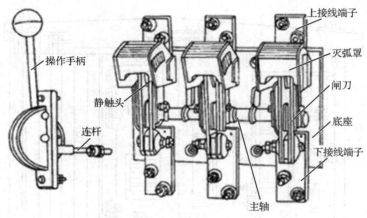

图 4-21　HD13 型低压刀开关

（2）低压刀熔开关。低压刀熔开关又称为低压熔断器式刀开关，它是一种由低压刀开关与低压熔断器组合而来的开关电器。常见的 HR3 型低压刀熔开关就是将 HD 型开关的闸刀换成 RT0 型熔断器的具有刀形触头的熔断管。

低压刀熔开关具有低压刀开关和低压熔断器的双重功能。采用这种组合型开关的电器可以简化低压配电装置的结构，并且经济实用，因此广泛应用在低压配电装置上。

（3）低压负荷开关。低压负荷开关由低压刀开关与低压熔断器串联而成，外装封闭式铁壳或开启式胶盖。低压负荷开关具有带灭弧罩的低压刀开关和低压熔断器的双重功能，既可带负荷操作，又能进行短路保护，但其熔体熔断后，需要更换熔体后才能恢复供电。

4.4　变配电所类型

对于大型企业或用电负荷较大的中型企业，变电所分为总降压变电所和车间变电所，一般中小型企业不设总降压变电所。企业的高压配电所（也称高压开关站）应尽可能与邻近的车间变电所合建，以节约建筑费用。企业的总降压变电所和高压配电所多采用独立的户内式。

车间变电所按其主变压器室的设置位置可分为以下几种类型。

（1）车间附设式变电所。变电所变压器室的一面墙或几面墙与车间建筑墙公用，变压器室的大门朝车间外开。若按变压器位于车间墙内侧还是外侧，则还可以进一步分为内附式（见图 4-22 中的"1"）和外附式（见图 4-22 中的"3"）。

（2）车间内变电所。变压器室位于车间内的单独房间内，变压器室的大门朝车间内开（见图 4-22 中的"4"）。

（3）露天（或半露天）变电所。变压器室安装在车间外面抬高的地面上（见图 4-22 中的"2"）。变压器上方没有任何遮蔽物

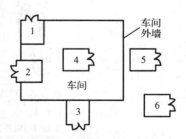

图 4-22　车间变电所的类型

的变电所,称为露天式变电所;变压器上方设有顶板或挑檐的变电所,称为半露天式变电所。

(4)独立变电所:整个变电所设在与车间建筑有一定距离的单独建筑物内(见图4-22中的"5"和"6")。

(5)箱式变电所:由高压配电装置、电力变压器和低压配电装置等构成,安装于一个金属箱体内,箱式变电所的结构如图4-23所示。

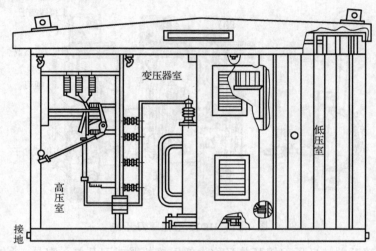

图4-23　箱式变电所的结构

4.5　企业变配电所的主接线

变配电所的主接线是实现电能输送和分配的一种电气接线方式。在变配电所主接线中,将各种开关电器、电力变压器、母线、导线和电力电缆等电气设备用其图形符号表示,并以一定次序连接,通常用单线来表示三相系统。

4.5.1　企业常见主接线

1. 线路-变压器组单元接线

在企业变电所中,当只有一条电源进线和一台变压器时,可采用线路-变压器组单元接线。这种接线方式在变压器高压侧可根据不同情况装设不同的开关电器,如图4-24所示。

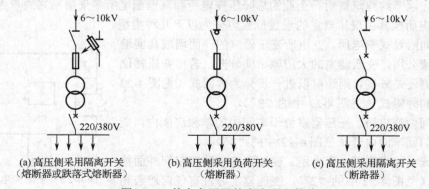

图4-24　单台变压器的变电所主接线

这种接线方式的优点是：接线简单，所用电气设备少，配电装置简单，占地面积小，投资少。缺点是：当该单元中任意一台设备故障或检修时，全部设备都将停止工作。但由于变压器故障率较小，因此这种接线方式仍具有一定的供电可靠性。总之，这种接线适用于小容量的三级负荷、小型企业或非生产性用户。

2. 单母线接线

（1）单母线不分段接线。单母线不分段接线的原理图如图 4-25 所示。断路器的作用是切断负荷电流或短路故障电流。隔离开关按其位置分为两种：靠近母线侧的隔离开关称为母线隔离开关，用来隔离母线电源；靠近线路侧的隔离开关称为线路隔离开关，用于防止在检修断路器时倒送电和雷电过电压沿线路侵入，保证检修人员的安全。

单母线不分段接线的优点是：电路简单，使用设备少，配电装置的建造费用低；其缺点是：可靠性和灵活性较差。当母线隔离开关发生故障或检修时，必须断开所有回路的电源，这样会造成全部用户停电。所以这种接线方式只适用于容量较小和对供电可靠性要求不高的中小型企业。

（2）单母线分段接线。单母线分段接线的原理图如图 4-26 所示。这种接线方式是克服单母线不分段接线工作不可靠、灵活性差等缺点的有效方法。单母线接线的分段情况是根据电源数目、功率和电网的接线情况来确定的。通常每段接一个或两个电源，引出线分别接到各段上，使各段引出线负荷分配与电源功率相平衡，尽量减少各段之间的功率转换。

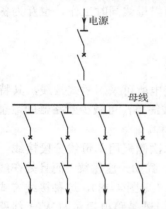

图 4-25　单母线不分段接线的原理图

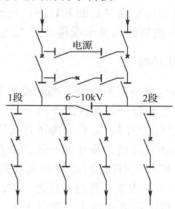

图 4-26　单母线分段接线的原理图

单母线既可用隔离开关分段又可用断路器分段。由于分段的开关设备不同，其作用也有差别。

① 用隔离开关分段的单母线接线。母线检修时可分段进行，当母线发生故障时，经过倒闸操作可切除故障段，保证另一段继续运行，因此这种接线方式比单母线不分段接线可靠性高。

② 用断路器分段的单母线接线。分段断路器除具有分段隔离开关的作用外，与继电保护配合，还能切断负荷电流、故障电流及实现自动分、合闸。另外，检修故障段母线时，可直接操作分段断路器，断开分段隔离开关，且不会引起正常段母线停电，保证其继续正常运行。在母线发生故障时，分段断路器的继电保护动作，自动切除故障段母线，从而提高了运行的可靠性。

3. 双母线接线

双母线接线克服了单母线接线的缺点，两条母线互为备用，具有较高的可靠性和灵活性。图 4-27 为双母线接线。

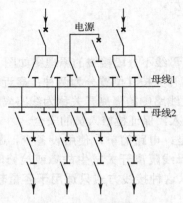

图 4-27 双母线接线

双母线接线一般只用在对供电可靠性要求很高的大型企业，如总降压变电所 35～110kV 的母线系统、有重要高压负荷或有自备发电厂的 6～10kV 的母线系统。

双母线接线有两种运行方式：一种运行方式是一组母线工作，另一组母线备用（明备用），运行正常时母线断路器是断开状态；另一种运行方式是两组母线同时工作，也互为备用（暗备用），此时母线断路器及母线隔离开关均为闭合状态。

4. 桥式接线

对于具有两条电源进线、两台变压器的企业总降压变电所可采用桥式接线，其特点是在两条电源进线之间有一条跨接的"桥"。它比单母线分段接线简单，可减少断路器的数量。根据跨接桥横跨位置的不同，又分为内桥式接线和外桥式接线两种。

（1）内桥式接线。变电所一次侧采用内桥式接线，二次侧采用单母线分段接线。这种接线方式的一次侧高压断路器 QF10 跨接在两路电源进线之间，犹如一座桥梁，而且处在线路断路器 QF11 和 QF12 的内侧，靠近变压器，因此称为内桥式接线（见图 4-28）。这种接线方式的运行灵活性较好，供电可靠性较高，适用于一、二级负荷的企业。若某路电源（如 WL1 线路）停电检修或发生故障时，则断开 QF11，闭合 QF10（其两侧 QS 先闭合），即可由 WL2 恢复对变压器T1 的供电。这种内桥式接线多用于电源线路较长（发生故障和停电检修的机会较多），并且变电所的变压器不需经常切换的总降压变电所。

（2）外桥式接线。变电所一次侧采用外桥式接线，二次侧采用单母线分段接线。这种主接线的一次侧高压断路器 QF10 也跨接在两路电源进线之间，但处在线路断路器 QF11 和 QF12 的外侧，靠近电源方向，因此称为外桥式接线（见图 4-29）。这种主接线的运行灵活性较好，供电可靠性较高，适用于一、二级负荷的企业，但与内桥式接线适用的场合有所不同。若某台变压器（如 T1）停电检修或发生故障，则断开 QF11，闭合 QF10（其两侧 QS 先闭合），使两路电源进线又恢复并列运行状态。这种外桥式接线适用于电源线路较短而变电所负荷变动较大、变压器需要经常切换的总降压变电所。当一次侧电源电网采用环形接线方式时，也宜于采用这种接线方式，使环形电网的穿越功率不通过进线断路器 QF11、QF12，这对改善线路断路器的工作及其继电保护的整定都极为有利。

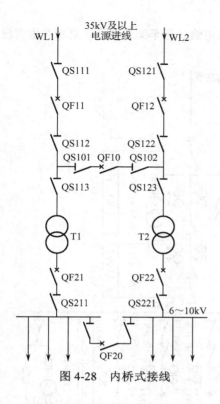

图 4-28　内桥式接线

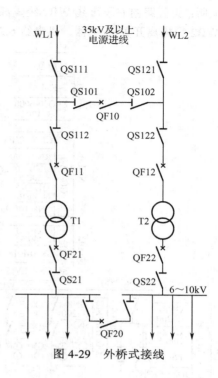

图 4-29　外桥式接线

4.5.2　主接线实例

电气主接线应按国家标准的图形符号和文字符号绘制。为了阅读方便，常在图上标明主要电气设备的型号和技术参数。

图 4-30 是某中型企业供配电系统中高压配电所及其附设 2 号车间变电所的主接线，该接线方式具有一定的代表性。下面对该接线方式做简要分析。

（1）电源进线。该高压配电站有两路 6kV 电源进线，一路是架空线 WL1，另一路是电缆线 WL2。最常见的进线方案是一路电源来自发电厂或电力系统变电所，作为正常工作电源；而另一路电源来自邻近单位的高压联络线，作为备用电源。

（2）母线（又称汇流排）是配电装置中用来汇集和分配电能的导线。高压配电站的母线通常采用单母线制。若是两路及以上的电源进线，则采用母线分段制。

如图 4-30 所示的高压配电所通常采用一路电源工作，另一路电源备用的运行方式，因此母线分段开关通常是闭合的。如果工作电源进线发生故障或正在检修，那么在切除该进线后，投入备用电源即可使整个高压配电站恢复供电。

为了满足测量、监视、保护和控制一次设备的需要，每段母线上都接有电压互感器，进线上和出线上均串接有电流互感器。该高压电流互感器均有两个二次绕组，其中一个接测量仪表，另一个接继电保护装置。为了防止雷电波侵入高压配电站时击毁其中的电气设备，因此各段母线上都装设了避雷器。避雷器和电压互感器均安装在同一个高压柜中，并公用一组高压隔离开关。

（3）高压配电出线。高压配电站共有六路高压配电出线。第一路由左段母线 WB1 经隔离开关/断路器，供电给无功补偿用的高压电容器组；第二路由右段母线 WB2 经隔离开关/断路器，供电给 1 号车间变电所；第三路、第四路分别由两段母线经隔离开关/断路器，供电给 2 号车间变电所；第五路由右段母线 **WB2** 经隔离开关/断路器，供电给 3 号车间变电所；第六路由右段母线 **WB2** 经隔离开关/断路器，供电给 **6kV** 高压电动机组。

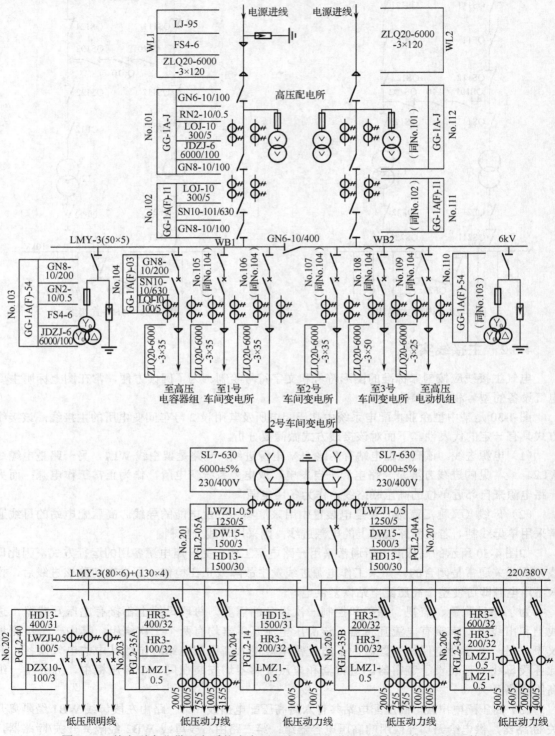

图 4-30　某中型企业供配电系统中高压配电站及其附设 2 号车间变电所的主接线

由于配电出线为母线侧供电，因此只在断路器的母线侧装设隔离开关，就可以保证断路器和出线的安全检修。

（4）2 号车间变电所。该车间变电所是将电压由 6～10kV 降至 380/220V 的终端变电所。由于该厂有高压配电站，因此该车间的高压侧开关电器、保护装置和测量仪表等按通常情况安装在高压配出线的首端，即高压配电站的高压配户内。若该车间变电所采用两个电源、两台变压器供电，则说明其一、二级负荷较大。低压侧母线（380/220V）采用单母线分段接线方式，并装有中性线。低压侧母线采用低压配电屏（共 5 台），分别配电给动力和照明。其中照明线采用低压刀开关/低压断路器控制；而低压动力线均采用刀熔开关控制。低压配出线上的电流互感器的二次绕组均为一个绕组，供低压测量仪表和继电保护使用。

4.6　企业变配电所的位置、布局和结构

4.6.1　变配电所所址选择的一般原则

1. 10kV 及以下变配电所所址的选择

（1）变配电所所址的选择应根据下列要求确定。

① 为减少配电线路的投资、电压降和电能耗损，尽可能接近负荷中心；② 进出线方便；③ 接近电源侧；④ 设备运输方便；⑤ 不应设在有剧烈震动或高温的场所，若不能避开这些场所，则应采取相应措施；⑥ 不宜设在多尘或有腐蚀性气体的场所，当无法远离这些场所时，不应设在污染源盛行风向的下风侧；⑦ 不应设在厕所、浴室或其他经常积水场所的正下方，且不宜与上述场所相邻；⑧ 不应设在有爆炸危险环境的正上方或正下方，且不宜设在有火灾危险环境的正上方或正下方（注意，正上方和正下方指相邻层）。当与爆炸或火灾危险环境的建筑物毗邻时，应符合 GB 50058—1992《爆炸和火灾危险环境电力装置设计规范》的规定；⑨ 不应设在地势低洼和可能积水的场所。

（2）装有可燃性油浸电力变压器的车间内变电所不应设在三、四级耐火等级的建筑物内。当该变电所设在二级耐火等级的建筑物内时，建筑物应采取局部防火措施。这是考虑油浸变压器虽已按最小耐火等级为一级设计，但为了防止变压器发生火灾事故时，火苗从变压室的排风窗向外窜出而危及燃烧体的屋顶承重构件或周围有火灾危险的场所，致使事故扩大。

（3）多层建筑中，装有可燃性油的电气设备的变配电所应设置在低层靠外墙部位，且不应设在人员密集场所的正上方、正下方、贴邻和疏散出口的两旁。这是考虑一旦装有可燃性油的电气设备发生爆炸或火灾事故时，不致危及人身安全且便于人员疏散。此外，将变配电所设置在建筑物的低层是为了便于控制事故和方便设备的运输。

（4）高层主体建筑内不宜设置装有可燃性油的电气设备的变配电所，当条件限制必须设置时，应设置在低层靠外墙部位，且不应设在人员密集场所的正上方、正下方、贴邻和疏散出口的两旁。并应按 GB 50016—2014《高层民用建筑设计防火规范》（2018 年版）有关规定，采取相应的防火措施。因为高层建筑内人员多，一旦发生火灾，造成的危害和损失严重。因此应采用具有非燃性能的电气设备（如干式变压器、真空或六氟化硫断路器）。

（5）露天或半露天的变电所不应设置在以下场所。

① 有腐蚀性气体的场所。一般变压器和电气设备不适用于有腐蚀性气体的场所，如无法避开时，则应采用防腐型变压器和电气设备。

② 挑檐为燃烧体或难燃体和耐火等级为四级的建筑物旁。这是为了防止变压器发生火灾事故时，扩大事故面积。

③ 附近有棉花、粮食及其他易燃、易爆物品集中的露天场所。这里的附近指这些场所距离变压器在 50m 以内，如变压器油量在 2500kg 以下时，距离可适当减小。

④ 容易沉积可燃粉尘、纤维、灰尘或导电尘埃且严重影响变压器安全运行的场所。若变压器上容易沉积这些物质，则容易引起变压器瓷套管闪络造成事故，甚至引起火灾。

2. 35~110kV 变电所所址的选择

变电所所址的选择应符合以下要求。

（1）靠近负荷中心。

（2）进出线方便，架空线和电缆线路的通路应与所址同时确定。

（3）与企业发展的规划相协调，并根据工程建设需要留有扩建的可能。

（4）节约用地，位于厂区外部的变电所应尽量不占或少占耕地。

（5）交通运输方便，便于主变压器等大型设备的搬运。

（6）尽量不设在污秽区，否则应采取措施或设在受污染源影响最小处。

（7）尽量避开剧烈震动的场所。

（8）位于厂区内的变电所，其所址标高一般与厂区标高一致；位于厂区外的变电所，其所址标高宜在 50 年一遇的高水位之上，否则应有防洪措施。

（9）具有适宜的地质条件，山区变电所应避开滑坡地带。

4.6.2　各级变配电所布置设计要求

1. 10kV 及以下变配电所布置设计要求

（1）变配电所形式。变配电所的形式应根据用电负荷的分布情况和周围环境情况确定，并应符合以下规定。

① 负荷较大的车间宜设附设式变电所或半露天变电所。

② 负荷较大的多跨厂房的负荷中心在厂房的中部且环境许可时，宜设车间内变电所或组合式成套变电所。外壳为封闭式的组合式成套变电所占地面积小，可深入负荷中心，当其内部配有干式变压器、真空或六氟化硫断路器、难燃型电容器等电气设备时，可直接放在车间内或大楼非专用房间内。

③ 高层或大型民用建筑内宜设室内变电所或组合式成套变电所。负荷小而分散的工业企业和大中城市的居民区宜设独立变电所，有条件时也可设附设式变电所或户外箱式变电所。户外箱式变电所具有建设周期短、占地面积小及便于整体运输等优点。

④ 当变压器容量在 315kV 及以下时，环境允许的中、小城镇居民区和工厂生活区宜设杆上式或高台式变电所。

（2）变配电所的布置应符合以下要求。

① 布置应紧凑合理，便于设备的操作、维修、巡视和搬运。

② 变电所宜采用单层布置，在用地面积受限制或布置有特殊需要时，也可设计成多层，但一般不超过两层。在采用多层布置时，为便于搬运和采取防火措施，变压器应设在低层。设在上层的配电室应配备搬运设备的通道、平台或孔洞。

③ 有人值班的变配电所应设单独的值班室。当低压配电室兼作值班室时，低压配电室面积

应适当增大。高压配电室与值班室应直通或经过通道相通，值班室应有直接通向户外或通向走道的门。

④ 变压器室和电容器室应避免日晒，尽量利用自然采光和自然通风，值班室尽可能朝南。

⑤ 高、低压配电室内，宜留有适当数量配电装置的备用位置。

⑥ 供给一级负荷用电的两路电缆不应通过同一个电缆沟，这是为了避免当一个电缆沟内的电缆发生事故或火灾时，影响另一路电缆运行。在电缆通道安排有困难而必须放置在同一个电缆沟内时，两条回路电缆均应采用阻燃电缆。为了防止当电缆短路时可能发生相互影响，该两条回路电缆应分别架设在电缆沟两侧的支架上，其间应保持大于 400mm 的距离。

2．35～110kV 变电所布置设计要求

（1）变电所的结构形式应满足以下要求。

① 变电所一般为独立变电所，但企业总变电所为了获得高压而深入负荷中心，也可采用附设式变电所。

② 变电所按配电装置的形式分为屋内式和屋外式。主变压器一般布置在室外，在特别污秽的地区，其外绝缘应加强，或将主变压器设在屋内而成为全屋内的变电所。

（2）变电所的布置应满足以下要求。

① 变电所的总平面布置应紧凑合理。

② 变电所宜设置不低于 2.2m 高的实体围墙。

③ 变电所内为满足消防要求的主要道路宽度应为 3.5m。主要设备运输道路的宽度可根据运输要求确定。

④ 独立变电所的场地设计坡度应根据设备布置、土质条件、排水方式和道路纵坡确定，坡度宜为 0.5%～2%，最小坡度不应小于 0.3%，局部最大坡度不宜大于 6%。

⑤ 变电所的场地宜进行绿化，以达到改善运行条件和美化环境的目的，但严防绿化物影响电气设备的安全运行。

⑥ 变电所控制室的布置设计需要满足的要求包括：a．控制室应位于运行方便、电缆较短、朝向良好和便于观察的屋外；b．控制室一般毗连高压配电室，当变电所为多层建筑时，控制室一般设在上层；c．控制屏（台）的排列布置宜与配电装置的排列次序相对应，以便值班人员记忆，缩短判断和处理事故的时间，减少误操作；d．控制室的建筑应按变电所的规划容量在第一期工程中一次建成；e．无人值班的变电所的控制室仅需考虑临时性的巡回检查和检修人员的工作需要，其面积可适当减小。

4.6.3　各级变配电所配电装置安全净距的确定及校验方法

1．3～110kV 配电装置

（1）屋外配电装置。屋外配电装置的安全净距不应小于表 4-3 中所列的数值，并按如图 4-31～图 4-33 所示的校验图进行校验。电气设备外绝缘体最底部距离地面小于 2500mm 时，应装设固定护栏。

（2）屋外配电装置使用软导线。当屋外配电装置使用软导线时，在不同条件下，带电部分至接地部分和不同相带电部分之间的最小安全净距应根据表 4-4 进行校验，并采用表中最大数值。

表 4-3　屋外配电装置的安全净距　　　　　　　　　　　　　　　　单位：mm

符号	适用范围	图号	系统标称电压/kV					
			3～10	15～20	35	66	110J	110
A_1	带电部分至接地部分之间	4-31	200	300	400	650	900	1000
	网状遮挡向上延伸线距地 2.5m 处与遮挡上方带电部分之间	4-32						
A_2	不同相的带电部分之间	4-31	200	300	400	650	1000	1100
	断路器和隔离开关的断口两侧引线带电部分之间	4-33						
B_1	设备运输时，其设备外轮廓至无遮挡带电部分之间	4-31	950	1050	1150	1400	1650	1750
	交叉回路不同时，停电检修的无遮挡带电部分之间	4-32						
	栅状遮挡至绝缘体和带电部分之间	4-33						
	带电作业时带电部分至接地部分之间							
B_2	网状遮挡至带电部分之间	4-32	300	400	500	750	1000	1100
C	无遮挡裸导体至地面之间	4-32	2700	2800	2900	3100	3400	3500
	无遮挡裸导体至建筑物、构筑物顶部之间	4-33						
D	平行电路不同时，停电检修的无遮挡带电部分之间	4-31	2200	2300	2400	2600	2900	3000
	带电部分与建筑物、构筑物的边沿部分之间	4-32						

注：① 110J 指中性点有效接地系统；② 海拔超过 1000m 时，A 值应进行修正；③ 本表所列各值不适用于制造厂的成套配电装置；④ 带电作业时，不同相或交叉的不同回路带电部分之间，其 B_1 值可取 A_2+750mm。

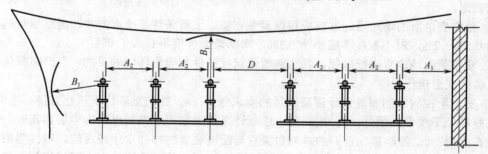

图 4-31　屋外 A_1、A_2、B_1、D 值校验图

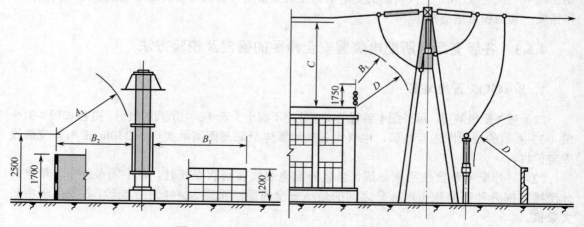

图 4-32　屋外 A_1、B_1、B_2、C、D 值校验图

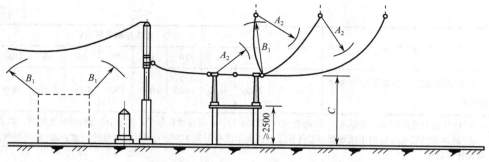

图 4-33　屋外 A_2、B_1、C 值校验图

表 4-4　屋外配电装置使用软导线时不同条件下的安全净距　　单位：mm

条件	校验条件	计算风速/（m/s）	A 值	系统标称电压/kV			
				35	66	110J	110
雷电过电压	雷电过电压和风偏		A_1	400	650	900	1000
			A_2	400	650	1000	1100
工频过电压	最大工作电压、短路和风偏（取10m/s风速）；最大工作电压和风偏（取最大设计风速）	10 或最大设计风速	A_1	150	300	300	450
			A_2	150	300	500	500

注：在气象条件恶劣的地区（如最大设计风速为 35m/s 及以上，以及雷暴时风速较大的地区），计算风速为 15m/s。

（3）屋内配电装置。屋内配电装置的安全净距不应小于表 4-5 中所列的数值，并按如图 4-34 和图 4-35 所示的校验图进行校验。

表 4-5　屋内配电装置的安全净距　　单位：mm

符号	适用范围	图号	系统标称电压/kV								
			3	6	10	15	20	35	66	110J	110
A_1	带电部分至接地部分之间 网状和板状遮挡向上延伸线距地 2300mm 处与遮挡上方带电部分之间	4-34	75	100	125	150	180	300	550	850	950
A_2	不同相的带电部分之间 断路器和隔离开关的断口两侧引线带电部分之间	4-34	75	100	125	150	180	300	550	900	1000
B_1	栅状遮挡至带电部分之间 交叉电路不同时，停电检修的无遮挡带电部分之间	4-34 4-35	825	850	875	900	930	1050	1300	1600	1700
B_2	网状遮挡至带电部分之间	4-34	175	200	225	230	280	400	650	950	1050
C	无遮挡裸导体至地（楼）面之间	4-34	2500	2500	2500	2500	2500	2600	2850	3150	3250
D	平行电路不同时，停电检修的无遮挡裸导体之间	4-34	1875	1900	1925	1950	1980	2100	2350	2650	2750

符号	适 用 范 围	图号	系统标称电压/kV								
			3	6	10	15	20	35	66	110J	110
E	通向屋外的出线套管至屋外通道的路面	4-35	4000	4000	4000	4000	4000	4000	4500	5000	5000

注：① 110J 指中性点有效接地系统；② 海拔超过 1000m 时，A 值应进行修正；③ 当遮挡为板状遮挡时，其 B_2 值可取 A_1+30mm；④ 通向屋外配电装置的出线套管至屋外地面的距离不应小于表 4-3 中所列屋外部分的 C 值；⑤ 本表所列各值对制造厂的产品设计不适用。

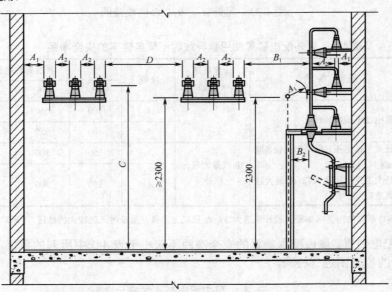

图 4-34　屋内 A_1、A_2、B_1、B_2、C、D 值校验图

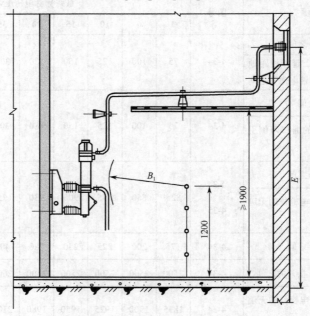

图 4-35　屋内 B_1、E 值校验图

（4）高海拔地区配电装置。当海拔高度超过 1000m 时，配电装置的 A 值应按图 4-36 进行修正。A 值完成修正后，其 B、C、D 值应分别增加 A 值的修正差值。

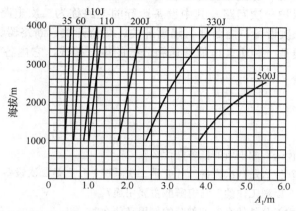

图 4-36　海拔高度超过 1000m 时，A 值的修正（A_2 值和屋内的 A_1、A_2 值可按本图比例递增）

2．低压配电装置

低压室内、外配电装置的安全净距应符合表 4-6 的规定。

表 4-6　低压室内、外配电装置的安全净距　　　　　　　　单位：mm

符　号	适　用　范　围	场　　所	额定电压/kV
			<0.5
A	无遮挡裸带电部分至地（楼）面之间	室内	屏前 2500，屏后 2300
		室外	2500
	有 IP2X 防护等级遮挡的通道净高	室内	1900
	裸带电部分至接地部分和不同相的裸带电部分之间	室内	20
		室外	75
B	距地（楼）面 2500mm 以下裸带电部分的遮挡防护等级为 IP2X 时，裸带电部分与遮护物间的水平净距	室内	100
		室外	175
	电路不同时停电检修的无遮挡裸导体之间的水平距离	室内	1875
		室外	2000
C	裸带电部分至无孔固定遮挡	室内	50
	裸带电部分至用钥匙或工具才能打开或拆卸的栅栏	室内	800
		室外	825
	低压母排引出线或高压引出线的套管至屋外人行通道地面	室外	3650

注：海拔高度超过 1000m 时，表中符号 A 项数值应按海拔每升高 100m 增大 1% 进行修正。B、C 两项数值应相应加上 A 项的修正值。

本章小结

变电所的任务是从电力系统接收电能、变换电压和分配电能。配电所的任务是从电力系统接收电能和分配电能，但不变换电压。

变配电所中承担输送和分配电力这项任务的电路称为一次回路，也称为主电路。凡是用来控制、指示、监测和保护一次回路及其中设备运行的电路称为二次电路，也称二次回路。

变配电所常见的一次设备有熔断器、隔离开关、负荷开关、断路器、互感器等。

变配电所的主接线是一种实现电能输送和分配的电气接线，它由各种主要电气设备按一定顺序连接而成。

习题 4

1. 变电所的任务是什么？配电所的任务是什么？
2. 什么是一次系统？什么是一次设备？什么是二次系统？什么是二次设备？
3. 变压器是根据什么原理工作的？它有哪些主要用途？
4. 变压器的主要组成部分是什么？各部分的作用是什么？
5. 什么是电力变压器的额定容量？其负荷能力与哪些因素有关？
6. 我国 6～10kV 变配电所采用的电力变压器按绕组绝缘和冷却方式分为哪些类型？各适用于什么场合？
7. 规定油浸式变压器顶层油温不得超过周围气温的多少度？按规定的工作环境最高温度为多少度？
8. 高压断路器的功能是什么？六氟化硫断路器和真空断路器各自的灭弧介质是什么？各适用于什么场合？
9. 高压隔离开关有哪些功能？该开关为什么不能带负荷操作？为什么能将其作为隔离电器来保证安全检修？
10. 低压断路器有哪些功能？按结构形式可分为哪两大类型？
11. 在选择高压熔断器、高压隔离开关、高压负荷开关、高压断路器及低压刀开关时，哪些需要校验断流能力？
12. 电流互感器和电压互感器有哪些功能？电流互感器工作时二次侧开路有何后果？
13. 企业变配电所的电气主接线有哪些类型？
14. 内桥式接线和外桥式接线分别是什么？各适用于什么场合？
15. 单母线分段接线和单母线不分段接线分别是什么？各有什么优缺点？

第5章 电气设备的选择

电气设备的选择是供配电系统设计的重要内容，其选择得恰当与否将影响整个系统能否安全、可靠地运行，故必须遵循一定的选择原则。本章讲述高/低压断路器、高压隔离开关、互感器、母线、绝缘子、高/低压熔断器及成套配电装置（高压开关柜）等的选择方法，为合理、正确地使用电气设备提供依据。

5.1 电气设备选择的一般原则

供配电系统中的电气设备是在一定电压、电流、频率和工作环境条件下工作的，电气设备的选择除应满足在正常工作时能安全、可靠运行外，即满足所处的位置（户内和户外）、环境温度、海拔高度及防尘、防火、防腐、防爆等要求，还应满足在短路故障时不致损坏的条件。另外，开关电器还必须具有足够的断流能力。

电气设备的选择应遵循以下 4 个原则。

（1）按工作要求和环境条件选择电气设备的型号。

（2）按正常工作条件选择电气设备的额定电压和额定电流。GB/T 11022—2009《高压电气设备和控制设备的公用技术要求》规定：高压电气设备的额定电压等于设备所在系统的最高电压的上限值，如表 5-1 所示。目前高压断路器和高压开关柜已执行新标准，其他高压电气设备因厂家而异，处于新老标准交替中。

表 5-1 高压电气设备的额定电压

设备所在的系统标称电压/kV	3	6	10	35	110	220
高压电气设备的额定电压/kV	3.6	7.2	12	40.5	126	252

① 按工作电压选择电气设备的额定电压。电气设备的额定电压 U_N 应不低于设备所在的系统标称电压 $U_{N \cdot S}$，即

$$U_N \geq U_{N \cdot S} \tag{5-1}$$

例如，在 10kV 系统中，应选择额定电压为 12kV（10kV）的电气设备，在 380V 系统中，应选择额定电压为 380V 或 500V 的电气设备。

② 按最大负荷电流选择电气设备的额定电流。电气设备的额定电流 I_N 应不小于实际通过它的最大负荷电流 I_{max}（或计算电流 I_c），即

$$I_N \geq I_{max}$$

或

$$I_N \geq I_c \tag{5-2}$$

（3）按短路条件校验电气设备的动稳定和热稳定。为了保证电气设备在短路故障时不致损坏，就必须按最大短路电流校验电气设备的动稳定和热稳定。动稳定是指电气设备在冲击短路电流所产生的电动力作用下，电气设备不致损坏。热稳定是指电气设备载流导体在稳态短路电流作用下，其发热温度不超过载流导体短路时的允许发热温度。

（4）开关电器断流能力校验。断路器和熔断器等电气设备承担着切断短路电流的任务，即必须可靠地切断通过电气设备的最大短路电流，因此开关电器还必须校验其断流能力，其额定短路开断电流不小于安装地点最大三相短路电流。

高压电气设备的选择和校验项目如表 5-2 所示。

表 5-2　高压电气设备的选择和校验项目

电气设备名称	额定电压/kV	额定电流/A	短路校验		
			动　稳　定	热　稳　定	断流能力/kA
高压断路器	√	√	√	√	√
高压隔离开关	√	√	√	√	—
高压负荷开关	√	√	√	√	√（附熔断器）
高压熔断器	√	√			√
电流互感器	√	√	√	√	—
电压互感器	√	—			—
支柱绝缘子	√	—	√		—
穿墙套管	√	√	√	√	—
母线（硬）	—	√	√	√	—
电缆	√	√		√	—

注：表中"√"表示必须校验，"—"表示不需要校验。

5.2　高压开关电器的选择

高压开关电器主要指高压断路器、高压熔断器、高压隔离开关和高压负荷开关。

高压断路器、高压隔离开关和高压负荷开关的具体选择原则如下。

（1）根据使用环境和安装条件来选择设备的型号。

（2）在正常条件下，按式（5-1）和式（5-2）分别选择设备的额定电压和额定电流。

（3）短路校验，短路校验包括以下几个方面。

① 动稳定校验。电气设备的额定峰值耐受电流 i_{max} 应不小于设备安装处的最大冲击短路电流 $i_{sh}^{(3)}$，即

$$i_{max} \geqslant i_{sh}^{(3)} \tag{5-3}$$

额定峰值耐受电流是指在规定的使用和性能条件下，开关设备在合闸位置能够承载的额定短时耐受电流第一个大半波的电流峰值。

② 热稳定校验。电气设备允许的短时发热不小于设备安装处的最大短路发热，即

$$I_{th}^2 t_{th} \geqslant I_{\infty}^{(3)2} t_{ima} \tag{5-4}$$

式中，I_{th} 为电气设备在 t_{th} 内允许通过的额定短时耐受电流有效值；t_{th} 为电气设备的额定短路持续时间。额定短时耐受电流有效值是指在规定的使用和性能条件下，在规定的短时间内，开关设备在合闸位置能够承载的电流的有效值。额定短路持续时间是指开关设备在合闸位置能够承载额定短时耐受电流的时间间隔。额定短路持续时间的标准值为 2s，推荐值为 0.5s，1s，3s 和 4s。

（4）开关电器断流能力校验：对具有断流能力的开关电器需校验其断流能力，其额定短路

分断电流（有效值）I_{cs} 应不小于安装地点最大三相短路电流 $I_{K \cdot max}^{(3)}$，即

$$I_{cs} \geq I_{K \cdot max}^{(3)} \tag{5-5}$$

5.2.1 高压断路器的选择

高压断路器是供电系统中最重要的设备之一。若变电所采用成套配电装置，则应选择户内型断路器；若变电所是户外型变电所，则应选择户外型断路器。35kV 及以下电压等级的断路器宜采用真空断路器或六氟化硫断路器，66kV 和 110kV 电压等级的断路器宜采用六氟化硫断路器。

【例 5-1】 某 10kV 线路计算电流为 270A，三相短路电流为 9kA，短路冲击电流为 23kA，假想时间为 1.4s，试选择高压断路器，并校验其动稳定和热稳定。

解： 根据题意查附表 5，选择 ZN28-12/630 型真空断路器，其有关技术参数及装设地点的电气条件和计算选择结果列于表 5-3 中，从表中可以看出高压断路器的参数均大于装设地点的电气条件，故所选择的断路器合格。

表 5-3 例 5-1 高压断路器选择校验表

序号	ZN28-12/630		选择要求	装设地点电气条件		结论
	项目	数据		项目	数据	
1	U_N	12kV	$\geq$	$U_{N \cdot S}$	10kV	合格
2	I_N	630A	$\geq$	I_c	270	合格
3	I_{cs}	25kA	$\geq$	$I_{K \cdot max}^{(3)}$	9kA	合格
4	i_{max}	63kA	$\geq$	$i_{sh}^{(3)}$	23kA	合格
5	$I_{th}^2 t_{th}$	$I_{th}^2 t_{th} = 25^2 \times 4 = 2500 kA^2 s$	$\geq$	$I_{\infty}^{(3)2} t_{ima}$	$9^2(1.4) = 113.40 kA^2 s$	合格

5.2.2 高压隔离开关的选择

高压隔离开关主要用于电气隔离而不能分断正常负荷电流和短路电流，因此，只需要选择额定电压和额定电流来校验其动稳定和热稳定。成套开关柜生产厂商一般都提供开关柜的方案号及柜内设备型号来供用户选择，用户也可以自己指定设备型号。开关柜柜内高压隔离开关有的带接地刀而有的不带接地刀。

【例 5-2】 按例 5-1 所给的电气条件，试选择高压隔离开关，并校验其动稳定和热稳定。

解： 根据题意查附表 6，选择 GN19-12 高压隔离开关。选择计算结果列于表 5-4 中，从表中可以看出高压隔离开关的相关参数均大于装设地点的电气条件，故所选的高压隔离开关合格。

表 5-4 例 5-2 高压隔离开关选择校验表

序号	GN19-12		选择要求	安装地点电气条件		结论
	项目	数据		项目	数据	
1	U_N	12kV	$\geq$	$U_{N \cdot S}$	10kV	合格
2	I_N	630A	$\geq$	I_c	270A	合格
3	i_{max}	50kA	$\geq$	$i_{sh}^{(3)}$	23kA	合格
4	$I_{th}^2 t_{th}$	$20^2 \times 4 = 1600 kA^2 s$	$\geq$	$I_{\infty}^{(3)2} t_{ima}$	$9^2 \times 1.4 = 113.4 kA^2 s$	合格

5.2.3　高压熔断器的选择

由于高压熔断器没有触头，并且分断短路电流后熔体熔断，因此不必校验动稳定和热稳定，仅需校验断流能力。在选择高压熔断器时，应注意以下几点。

（1）XRNT、RN1 型户内型熔断器用于线路和变压器的短路保护，而 XRNP、RN2 型户内型熔断器用于电压互感器的短路保护。

（2）户外型跌开式熔断器需校验断流能力（上、下限值），应使被保护线路的三相短路冲击电流小于其上限值，而两相短路电流大于其下限值。

（3）选择高压熔断器时，除选择熔断器额定电流外，还要选择熔体的额定电流。

1. 保护线路的熔断器的选择

（1）熔断器的额定电压 $U_{N \cdot FU}$ 应不低于其所在系统的额定电压 $U_{N \cdot S}$，即

$$U_{N \cdot FU} \geqslant U_{N \cdot S} \tag{5-6}$$

（2）熔体额定电流 $I_{N \cdot FE}$ 不小于线路计算电流 I_c，即

$$I_{N \cdot FE} \geqslant I_c \tag{5-7}$$

（3）熔断器额定电流 $I_{N \cdot FU}$ 不小于熔体额定电流 $I_{N \cdot FE}$，即

$$I_{N \cdot FU} \geqslant I_{N \cdot FE} \tag{5-8}$$

（4）熔断器断流能力的校验。

① 对限流式熔断器（如 RN1 型）而言，其断开的短路电流为 $I''^{(3)}$ 与额定短路分断电流（有效值）I_{cs} 应满足

$$I_{cs} \geqslant I''^{(3)} \tag{5-9}$$

式中，$I''^{(3)}$ 为熔断器安装地点的三相次暂态短路电流的有效值，无限大容量系统中 $I''^{(3)} = I_\infty^{(3)}$。

② 对非限流式熔断器（如 RW 系列跌开式熔断器）而言，可能断开的短路电流是短路冲击电流，其额定短路分断电流上限值 $I_{cs \cdot max}$ 应不小于三相短路冲击电流的有效值 $I_{sh}^{(3)}$，即

$$I_{cs \cdot max} \geqslant I_{sh}^{(3)} \tag{5-10}$$

熔断器额定短路分断电流下限值 $I_{cs \cdot min}$ 应不大于线路末端两相短路电流 $I_K^{(2)}$，即

$$I_{cs \cdot min} \leqslant I_K^{(2)} \tag{5-11}$$

2. 保护电力变压器（高压侧）的熔断器熔体额定电流的选择

考虑到变压器的正常过负荷能力（20%左右）、变压器低压侧尖峰电流及变压器空载合闸时的励磁涌流，熔断器熔体额定电流应满足

$$I_{N \cdot FE} \geqslant (1.5 \sim 2.0) I_{1N \cdot T} \tag{5-12}$$

式中，$I_{N \cdot FE}$ 为熔断器熔体额定电流；$I_{1N \cdot T}$ 为变压器一次侧额定电流。

3. 保护电压互感器的熔断器熔体额定电流的选择

因为电压互感器二次侧电流很小，所以选择 XRNP、RN2 型专用熔断器用于电压互感器短路保护，其熔体额定电流为 0.5A。有关高压熔断器的参数可查附表 7 或其他有关产品手册。

5.3 互感器的选择

5.3.1 电流互感器的选择

高压电流互感器一般有一到数个不等的二次侧线圈，其中一个二次线圈用于测量，其他二次线圈用于保护。

1. 电流互感器的选择与校验

（1）电流互感器型号的选择。根据安装地点和工作要求选择电流互感器的型号。

（2）电流互感器额定电压的选择。电流互感器额定电压应不低于装设处系统的额定电压。

（3）电流互感器变比的选择。电流互感器一次侧额定电流有 20A、30A、40A、50A、75A、100A、150A、200A、300A、400A、600A、800A、1000A、1200A、1500A、2000A 等多种规格，二次侧额定电流为 1A 或 5A。一般情况下，计量和测量用的电流互感器变比的选择应使其一次侧额定电流 I_{1N} 不小于线路中的计算电流 I_c。为保证其准确度要求，可以将电流互感器的变比选得大一些。

（4）电流互感器准确度的选择与校验。准确度选择的原则：计量用的电流互感器的准确度应选 0.2～0.5 级，测量用的电流互感器的准确度应选 0.5～1.0 级。为了保证准确度误差不超过规定值，并且互感器二次侧负荷 S_2（Z_2）应不大于二次侧额定负荷 S_{2N}（Z_{2N}），所选准确度才能得到保证。准确度校验公式为

$$S_2 \leqslant S_{2N} \text{ 或 } Z_2 \leqslant Z_{2N} \tag{5-13}$$

二次回路的负荷 S_2 取决于二次回路的阻抗 Z_2 的值，即

$$S_2 = I_{2N}^2 \mid Z_2 \mid \approx I_{2N}^2 \left(\sum \mid Z_i \mid + R_{WL} + R_{XC} \right)$$

或

$$S_2 \approx \sum S_i + I_{2N}^2 (R_{WL} + R_{XC}) \tag{5-14}$$

式中，S_i 与 Z_i 分别为二次回路中的仪表、继电器线圈的额定负荷（V·A）和阻抗（Ω）；R_{XC} 为二次回路中所有接头、触点的接触电阻，一般取 0.1Ω；R_{WL} 为二次回路导线电阻，计算公式为

$$R_{WL} = \frac{L_c}{\gamma S} \tag{5-15}$$

式中，γ 为导线的电导率，铜线 $\gamma=53\text{m}/(\Omega \cdot \text{mm}^2)$，铝线 $\gamma=32\text{m}/(\Omega \cdot \text{mm}^2)$；$S$ 为导线截面积（mm^2）；L_c 为导线的计算长度（m）。设互感器到仪表单向长度为 l_1，则

$$L_c = \begin{cases} l_1, & \text{星形接线} \\ \sqrt{3}l_1, & \text{两相V形接线} \\ 2l_1, & \text{一相式接线} \end{cases} \tag{5-16}$$

差动保护用的电流互感器的准确度应选 5P 级（P 表示保护），过电流保护用的电流互感器的准确度应选 5P 级或 10P 级，5P 级复合误差限值为 5%，10P 级复合误差限值为 10%。为了正确反映一次侧短路电流的大小，二次侧电流与一次侧电流呈线性关系，需要校验二次侧负荷。为保证在短路时互感器变比误差不超过 10%，一般生产厂家都提供一次侧电流对其额定电流的倍数 $K_1(I_1/I_{1N})$ 与最大允许的二次侧负荷阻抗 $Z_{2 \cdot al}$ 的关系曲线，简称 10%误差曲线，如图 5-1 所示。通常是按电流互感器接入位置的最大三相短路电流来确定 I_1/I_{1N} 值的，从相应互感器的 10%

误差曲线中找出横坐标上允许的二次侧阻抗 $Z_{2\cdot al}$，若使接入二次侧总阻抗 Z_2 不超过 $Z_{2\cdot al}$，则互感器的电流误差保证在 10% 以内。

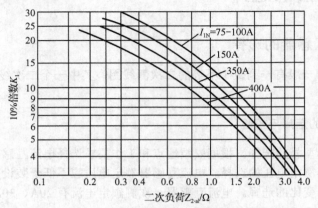

图 5-1　电流互感器 10% 误差曲线

电流互感器 10% 误差曲线校验步骤如下。

① 计算流过电流互感器的一次侧电流倍数 $K_1 = I_{K\cdot max}^{(3)} / I_{1N}$。

② 根据电流互感器的型号、变比和一次侧电流倍数，在 10% 误差曲线上确定电流互感器的允许二次侧负荷 $Z_{2\cdot al}$。

③ 计算电流互感器的实际二次侧负荷 Z_2。

④ 校验二次侧负荷，若 $Z_2 \leqslant Z_{2\cdot al}$，则满足准确度要求；若 $Z_2 > Z_{2\cdot al}$，则应采取下述措施，使其满足 10% 误差的要求。

a. 增大连接导线截面或缩短连接导线长度，减小实际二次侧负荷。

b. 选择变比较大的电流互感器，减小一次侧电流倍数，增大允许二次侧负荷。

2. 电流互感器动稳定和热稳定的校验

在相关厂家的产品技术参数中，都给出了电流互感器额定峰值耐受电流 i_{max}、额定短时耐受电流有效值 I_{th} 和额定短路持续时间 t_{th}，因此，按以下公式分别校验动稳定和热稳定即可。

（1）动稳定校验

$$i_{max} \geqslant i_{sh}^{(3)} \tag{5-17}$$

（2）热稳定校验

$$I_{th}^2 t_{th} \geqslant I_\infty^{(3)2} t_{ima} \tag{5-18}$$

有关电流互感器的参数可查附表 8 或其他相关产品手册。

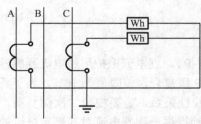

图 5-2　例 5-3 电流互感器和测量仪器的接线图

【例 5-3】 根据例 5-1 的电气条件，选择线路电流互感器。已知电流互感器采用两相式接线，如图 5-2 所示，其中 0.5 级二次绕组用于测量，接有三相电子式智能电能表，电流线圈消耗功率为 0.5V·A。电流互感器二次回路采用 BV-500-1×4 mm² 的铜芯塑料线，互感器距仪表的单向长度为 2m。

解：根据线路额定电压为 10kV，额定电流为 270A，查附表 8，选额定电压为 10kV，变比为 400/5 A 的 LZZBJ9-12 型电流互感器，$i_{max} = 112.5\text{kA}$，$I_{th} = 45\text{kA}$，$t_{th} = 1\text{s}$，

$S_{2N} = 10V \cdot A$。

（1）准确度校验为

$$S_2 \approx \sum S_i + I_{2N}^2(R_{WL} + R_{XC})$$
$$= 0.5 + 5^2 \times [\sqrt{3} \times 2/(53 \times 4) + 0.1]$$
$$= 3.41V \cdot A < S_{2N} = 10V \cdot A$$

故满足准确度要求。

（2）动稳定校验为

$$i_{max} = 112.5kA > i_{sh}^{(3)} = 23kA$$

故满足动稳定要求。

（3）热稳定校验为

$$I_{th}^2 t_{th} = 45^2 \times 1 = 2025kA^2 \cdot s > I_\infty^{(3)2} t_{ima} = 9^2 \times 1.4 = 113.40kA^2 \cdot s$$

故满足热稳定要求。

综上所述，选择 LZZBJ9-12 400/5A 型电流互感器满足要求。

5.3.2 电压互感器的选择

由于电压互感器的一、二次侧均有熔断器保护，因此不需要校验短路的动稳定和热稳定。电压互感器的选择规则如下。

（1）按装设点环境及工作要求选择电压互感器型号。

（2）电压互感器的额定电压应不低于装设处系统的额定电压。

（3）按测量、计量仪表对电压互感器准确度要求选择并校验其准确度。

计量用的电压互感器的准确度应选 0.2～0.5 级；测量用的电压互感器的准确度应选 0.5～1.0 级；保护用的电压互感器的准确度应选 3 级。

为了保证准确度的误差在规定的范围内，二次侧负荷 S_2 应不大于电压互感器二次侧额定容量 S_N，即

$$S_2 \leqslant S_{2N} \tag{5-19}$$

$$S_2 = \sqrt{\left(\sum P_i\right)^2 + \left(\sum Q_i\right)^2} \tag{5-20}$$

式中，$\sum P_i = \sum(S_i \cos\varphi_i)$ 和 $\sum Q_i = \sum(S_i \sin\varphi_i)$ 分别为仪表、继电器电压线圈消耗的总有功功率和总无功功率。

有关电压互感器的参数可查附表 9 或其他有关产品手册。

5.4 母线、支柱绝缘子和穿墙套管的选择

5.4.1 母线的选择

由于母线都是通过支柱绝缘子固定在开关柜上的，因此无电压要求，其选择条件如下。

1. 型号选择

母线的种类有矩形母线和管形母线；母线的材料有铜、铝、铝合金和复合导体，如铜包铝或钢铝复合材料。目前变电所的母线除大电流采用铜母线外，一般采用铝母线。变配电所高压开关柜上的高压母线通常选用硬铝矩形母线（LMY）。

2．母线截面选择

（1）按允许载流量选择母线截面，即

$$I_c \leqslant I_{al} \tag{5-21}$$

式中，I_{al} 为母线允许的载流量（A）；I_c 为汇集到母线上的计算电流（A）。

（2）年平均负荷、传输容量较大时，宜按经济电流密度选择母线截面，即

$$S_{ec} = \frac{I_c}{j_{ec}} \tag{5-22}$$

式中，j_{ec} 为经济电流密度，S_{ec} 为母线经济截面。

3．硬母线动稳定校验

由于短路时母线承受很大的电动力，因此必须根据母线的机械强度校验其动稳定，即

$$\sigma_{al} \geqslant \sigma_c \tag{5-23}$$

式中，σ_{al} 为母线材料最大允许应力（Pa），硬铝母线的最大允许应力为 70MPa，硬铜母线的最大允许应力为 140MPa；σ_c 为母线短路时冲击电流 $i_{sh}^{(3)}$ 产生的最大计算应力，计算公式为

$$\sigma_c = \frac{M}{W} \tag{5-24}$$

式中，M 为母线通过 $i_{sh}^{(3)}$ 时受到的弯曲力矩；W 为母线截面系数。M 的计算公式为

$$M = \frac{F_c^{(3)} l}{K} \tag{5-25}$$

式中，$F_c^{(3)}$ 为三相短路的中间相（水平放置或垂直放置，如图 5-4 所示）受到的最大计算电动力（N）；l 为挡距（m）；K 为系数，当母线挡数为 1～2 挡时，$K=8$，当母线挡数大于 2 时，$K=10$。

$$W = \frac{b^2 h}{6} \tag{5-26}$$

式中，b 为母线截面水平宽度（m）；h 为母线截面垂直高度（m）。

4．母线热稳定校验

母线截面应不小于热稳定最小允许截面 $S_{th \cdot min}$，即

$$S > S_{th \cdot min} = I_\infty^{(3)} \frac{\sqrt{t_{ima}}}{C} \tag{5-27}$$

式中，$I_\infty^{(3)}$ 为三相短路稳态电流（A）；t_{ima} 为假想时间（s）；C 为导体的热稳定系数 $\left(A \cdot \sqrt{s}/mm^2\right)$，铝母线 $C=87$，铜母线 $C=171$。

当母线实际截面大于最小允许截面时，满足热稳定要求。

5.4.2　支柱绝缘子的选择

支柱绝缘子主要是用来固定导线或母线的，并使导线或母线与设备或基础绝缘。支柱绝缘子有户内型和户外型两大类，户内型支柱绝缘子（代号 Z）按金属附件的胶装方式有外胶装（代号 W）、内胶装（代号 N）、联合胶装（代号 L）3 种。表 5-5 列出了部分户内型支柱绝缘子的技术参数。

表 5-5　部分户内型支柱绝缘子的技术参数

产品型号	额定电压/kV	机械破坏负荷/kN（不小于）		总高度 H/mm	瓷件最大公称直径/mm	胶装方式
		弯曲	拉伸			
ZNA-10MM ZN-10/8	10	3.75	3.75	120	82	N 表示内胶装，MM 表示上、下附件均为特殊螺母
ZN-10Y ZB-10T ZC-10F	10	3.75	3.75	190	90	外胶装（不表示） A、B、C、D 表示机械破坏负荷等级 Y、T、F 表示圆、椭圆、方形底座
ZL-10/16	10	16	16	185	120	L 表示联合胶装
ZL-35/8	35	8	8	400	120	

支柱绝缘子的选择，应符合以下几个条件。

（1）按使用场所（户内、户外）选择型号。

（2）按工作电压选择额定电压。

（3）校验动稳定。

校验动稳定的公式为

$$F_c^{(3)} \leqslant K F_{al} \tag{5-28}$$

式中，F_{al} 为支柱绝缘子最大允许机械破坏负荷（见表 5-5）；按弯曲破坏负荷计算时，$K=0.6$，按拉伸破坏负荷计算时，$K=1$；$F_c^{(3)}$ 为短路时冲击电流作用在绝缘子上的计算电动力，母线在绝缘子上平放时，按 $F_c^{(3)} = F^{(3)}$ 计算，母线在绝缘子上竖放时，按 $F_c^{(3)} = 1.4 F^{(3)}$ 计算。

5.4.3　穿墙套管的选择

穿墙套管主要用于导线或母线穿过墙壁、楼板及封闭配电装置时，起到绝缘支持与外部导线间连接的作用。按其使用场所划分为户内普通型、户外-户内普通型、户外-户内耐污性、户外-户内高原型及户外-户内高原耐污型 5 类；按结构形式划分为铜导体、铝导体和不带导体（母线式）套管；按电压等级划分为 6kV，10kV，20kV 及 35kV 等电压等级。

穿墙套管的型号及相关参数如表 5-6 所示。

表 5-6　穿墙套管的型号及相关参数

产品型号	额定电压/kV	额定电流/A	抗弯破坏负荷/kN	总长/mm	安装处直径/mm	5s 额定短时耐受电流有效值/kA	说明
CA-6/200	6	200	3.75	375	70	3.8	C 表示次套管；B、C、D 表示抗弯破坏负荷等级；铜导体不表示，L 表示铝导体；第一个 W 表示户外-户内型，第二个 W 表示耐污型
CB-10/600	10	600	7.5	450	100	12	
CWB-35/400	35	400	7.5	980	220	7.2	
CWL-10/600	10	600	7.5	560	114	12	
CWWL-10/400	10	400	7.5	520	115	7.2	

穿墙套管应按以下几个条件进行选择。

（1）按使用场所选择型号。

（2）按工作电压选择额定电压。

（3）按计算电流选择额定电流。

（4）动稳定校验。

校验动稳定的公式为

$$F_c \leqslant 0.6F_{al} \tag{5-29}$$

$$F_c = \frac{K(l_1 + l_2)}{a} i_{sh}^{(3)2} \times 10^{-7} \tag{5-30}$$

式中，F_c 为三相短路冲击电流作用于穿墙套管上的计算力（N）；F_{al} 为穿墙套管允许的最大抗弯破坏负荷（N）；l_1 为穿墙套管与最近一个支柱绝缘子间的距离（m）；l_2 为套管本身的长度（m）；a 为相间距离（m）；$K = 0.866$。

（5）热稳定校验。

校验热稳定的公式为

$$I_{th}^2 t_{th} \geqslant I_{\infty}^{(3)2} t_{ima} \tag{5-31}$$

式中，I_{th} 为额定短时耐受电流有效值（A）；t_{th} 为额定短路持续时间（s）。

【例5-4】 例5-1中线路的10kV室内母线采用型号为TMY-80×10硬铜母线，平放在ZA-10Y支柱绝缘子上，母线中心距为0.3m，支柱绝缘子间跨距为1.2m，与CML-10/600型穿墙套管间跨距为1.5m，穿墙套管间距为0.25m，最大短路冲击电流为30kA，试对母线、支柱绝缘子和穿墙套管的动稳定进行校验。

解：（1）母线动稳定校验。

三相短路电动力为

$$F_c^{(3)} = \sqrt{3} K_f i_{sh}^{(3)2} \frac{l}{a} = \frac{1.732 \times 1 \times (30 \times 10^3)^2 \times 1.2}{0.3} \times 10^{-7} = 623.52 \text{N}$$

弯曲力矩按大于2挡计算，即

$$M = \frac{F_c^{(3)} l}{10} = \frac{623.52 \times 1.2}{10} = 74.82 \text{ N·m}$$

$$W = \frac{b^2 h}{6} = \frac{0.08^2 \times 0.01}{6} = 1.07 \times 10^{-5} \text{m}^3$$

计算应力为

$$\sigma_c = \frac{M}{W} = \frac{74.82}{1.07 \times 10^{-5}} = 7 \times 10^6 \text{Pa} = 7 \text{MPa}$$

由于硬铜母线最大允许应力 $\sigma_{al} = 140 \text{MPa} > \sigma_c = 7 \text{MPa}$，因此母线满足动稳定要求。

（2）支柱绝缘子动稳定校验。

由表5-5可得，支柱绝缘子最大允许机械破坏负荷为3.75kN，则

$$KF_{al} = 0.6 \times 3.75 \times 10^3 = 2250 \text{ N}$$

由于 $F_c^{(3)} = 623.52 \text{ N} < KF_{al} = 2250 \text{N}$，因此支柱绝缘子满足动稳定要求。

（3）穿墙套管动稳定校验。

由题意可知，$l_2 = 0.56 \text{m}$，$l_1 = 1.5 \text{ m}$，$a = 0.25 \text{m}$。查表5-6得 $F_{al} = 7.5 \text{kN}$，由式（5-30）得

$$F_c = \frac{K(l_1 + l_2)}{a} i_{sh}^{(3)2} = \frac{0.866 \times (1.5 + 0.56)}{0.25} \times (30 \times 10^3)^2 \times 10^{-7} = 642.23 \text{N}$$

$$0.6F_{al} = 0.6 \times 7.5 \times 10^3 = 4500 \text{ N} > F_c = 642.23 \text{N}$$

由于 $0.6F_{a1} = 4500\,\mathrm{N} > F_c = 642.23\mathrm{N}$，因此穿墙套管满足动稳定要求。

5.5 高压开关柜的选择

高压开关柜是成套设备，柜内有断路器、隔离开关、互感器等设备。主要选择高压开关柜的型号和回路方案号。高压开关柜的回路方案号应与主接线方案的选择保持一致。对高压开关柜柜内设备的选择，应按装设地点的电气条件来选择，具体方法如前所述。高压开关柜生产商会提供高压开关柜的型号、回路方案号及技术参数的配置。

1. 高压开关柜型号的选择

高压开关柜的型号主要根据负荷等级进行选择，一、二级负荷应选择金属封闭户内移开式高压开关柜，如 KYN-12、KYN-40.5 等系列高压开关柜；三级负荷可选用金属封闭户内固定式高压开关柜，如 KGN-12、XGN-12 等系列高压开关柜，也可选择金属封闭户内移开式高压开关柜。

2. 选择高压开关柜的回路方案号

每种型号的高压开关柜的回路方案号都有数十种，用户可以根据主接线方案选择与主接线方案一致的高压开关柜回路方案号，然后选择柜内设备的型号规格。高压开关柜主要有电缆进出线柜、架空线进出线柜、母线联络柜、计量柜、避雷器、电压互感器柜及所用变柜等，但各种型号高压开关柜的方案号可能不同。

5.6 变压器的选择

变压器是变电所中关键的一次设备，其主要功能是升高或降低电压，以利于电能的合理输送、分配和使用。

1. 变压器型号的选择

在选择变压器时，应选用低损耗节能型变压器，如 S10、S11、S11-M 或 S13、S13-M 系列低损耗节能型变压器，或者 SH15 系列非晶合金铁芯低损耗节能型变压器。高损耗变压器已被淘汰，不允许使用。在多尘或有腐蚀性气体严重影响变压器安全的场所，应选择密闭型变压器或防腐型变压器；供电系统中没有特殊要求和民用建筑独立变电所常采用三相油浸自冷电力变压器（S10，S11，S11-M，S13，SH15 等）；对于高层建筑、地下建筑、发电厂、化工等单位对消防要求较高的场所，宜采用干式电力变压器（SC10，SCB10，SG10，SG11，SGB11 等）；对于电网电压波动较大的场所，为改善电能质量应采用有载调压电力变压器（SZ10，SZ11，SFZ10，SSZ10，SCZB10 等）。

2. 变压器台数和容量的确定

（1）总降压变电所变压器台数和容量的确定。

变压器台数的确定应满足以下条件。

① 应满足用电负荷对可靠性的要求。在有一、二级负荷的变电所中，选择两台主变压器，当满足技术和经济的要求时，主变压器的选择也可多于两台。

② 对季节性负荷或昼夜负荷变化较大的场所宜采用经济运行方式的变电所，当技术和经济满足要求时，可选择两台主变压器。

③ 三级负荷一般选择一台主变压器，负荷较大时，也可选择两台主变压器。

变压器容量的确定。装单台变压器时，其额定容量 S_N 应能满足全部用电设备的计算负荷 S_c，考虑负荷发展应留有一定的容量裕度，并考虑变压器的经济运行，即 $S_N \geqslant (1.15 \sim 1.4)S_c$。

装两台主变压器时，其中任意一台变压器容量 S_N 应同时满足下列两个条件。

① 一台变压器单独运行时，应满足总计算负荷 60%～70% 的要求，即 $S_N = (0.6 \sim 0.7)S_c$。

② 一台变压器单独运行时，应能满足全部一、二级负荷 $S_{c(I+II)}$ 的需要，即 $S_N \geqslant S_{c(I+II)}$

一般来讲，变压器容量和台数的确定是与变电所主接线方案同时确定的，在设计主接线方案时，也要考虑到用电单位对变压器容量和台数的要求。

（2）车间变电所变压器台数和容量的确定。

车间变电所变压器台数和容量的确定原则与总降压变电所变压器台数和容量的确定原则基本相同，即在保证电能质量的要求下，应尽量减少投资、运行费用和有色金属的耗用量。

车间变电所变压器台数的选择原则是：对于二、三级负荷，变电所只设置一台变压器，其容量可根据计算负荷确定。可以考虑从其他车间的低压线路取得备用电源，这样不仅可以在发生故障时对重要的二级负荷供电，而且在负荷是极不均匀的轻负荷时，也能使供电系统满足经济运行的要求。对一、二级负荷较大的车间，采用两个回路独立进线，设置两台变压器，其容量的确定与总降压变电所变压器容量的确定原则相同。

车间变电所中，单台变压器容量不宜超过 1000kV·A，现在我国已能生产大断流容量的新型低压开关电器，因此如果车间负荷容量较大、负荷集中且运行合理，那么可选用单台容量为 1250～2000kV·A 的配电变压器。另外，对装设在二层楼以上的干式变压器，其容量不宜大于 630kV·A。

【例 5-5】 某个车间变电所（10/0.4kV）的总计算负荷为 1250kV·A，其中一、二级负荷为 850kV·A，试选择变压器的台数和容量。

解：该车间变电所有一、二级负荷，根据车间变电所变压器台数及容量选择的要求，宜选择两台变压器。

任意一台变压器单独运行时，要满足总计算负荷 60%～70% 的要求，即
$$S_N = (0.6 \sim 0.7) \times 1250 = 750 \sim 875 kV \cdot A$$
且任意一台变压器应满足 $S_N \geqslant 850kV \cdot A$。因此可选两台容量均为 1000kV·A 的变压器。

5.7 低压熔断器的选择

1. 低压熔断器的选择

（1）根据工作环境条件的要求，选择熔断器的型号。

（2）熔断器额定电压应不低于保护线路的额定电压。

（3）熔断器的额定电流应不小于其熔体的额定电流，即

$$I_{N \cdot FU} \geqslant I_{N \cdot FE} \tag{5-32}$$

2．熔体额定电流的选择

熔体额定电流应同时满足以下 3 个条件。

（1）熔断器熔体额定电流 $I_{N \cdot FE}$ 应不小于线路的计算电流 I_c，使熔体在线路正常工作时不至熔断，即

$$I_{N \cdot FE} \geq I_c \tag{5-33}$$

（2）熔体额定电流还应躲过线路的尖峰电流 I_{pk}，由于尖峰电流持续时间很短，而熔体从发热到熔断需要一定时间，因此熔体额定电流应满足

$$I_{N \cdot FE} \geq K I_{pk} \tag{5-34}$$

式中，K 为小于 1 的计算系数，当熔断器用作单台电动机保护时，K 的取值与熔断器特性及电动机启动情况有关，系数 K 的取值范围如表 5-7 所示。

表 5-7　系数 K 的取值范围

线路情况	启动时间	K 值
单台电动机	3s 以下	0.25～0.35
	3～8s（重载启动）	0.35～0.5
	8s 以上及频繁启动、反接制动	0.5～0.6
多台电动机	按最大一台电动机启动情况	0.5～1
	I_c 与 I_{pk} 比较接近时	1

（3）熔断器保护还应考虑与被保护线路的配合，使被保护线路在过负荷或短路时能得到可靠的保护，还应满足

$$I_{N \cdot FE} \leq K_{OL} I_{al} \tag{5-35}$$

式中，I_{al} 为绝缘导线和电缆的允许载流量；K_{OL} 为绝缘导线和电缆的允许短时过负荷系数。当熔断器用作短路保护时，绝缘导线和电缆的过负荷系数取 2.5，明敷导线取 1.5；当熔断器用作过负荷保护时，各类导线的过负荷系数取 0.8～1，对有爆炸危险场所的导线，过负荷系数取下限值 0.8。

3．熔断器断流能力的校验

熔断器的额定短路分断电流 I_{cs} 应不小于线路的最大短路电流。

（1）对限流式熔断器（如 RT 系列），其额定短路分断电流 I_{cs} 应不小于三相次暂态短路电流的有效值 $I''^{(3)}$（无限大功率电源系统中 $I''^{(3)} = I_{K \cdot max}^{(3)}$），即

$$I_{cs} \geq I''^{(3)} \tag{5-36}$$

（2）对非限流式熔断器，其额定短路分断电流 I_{cs} 应不小于三相短路冲击电流的有效值 $I_{sh}^{(3)}$，即

$$I_{cs} \geq I_{sh}^{(3)} \tag{5-37}$$

4．前、后级熔断器选择性的配合

在低压线路中，熔断器较多，前、后级间的熔断器在选择性上必须相互配合，以使靠近故障点的熔断器最先熔断。

如图 5-3(a)所示的 1FU（前级熔断器）与 2FU（后级熔断器），当 K 点发生短路时 2FU 应先

熔断，但由于熔断器的特性误差较大，一般为±30%～±50%，因此当1FU为负误差（提前动作）、2FU为正误差（滞后动作）时（见图5-3(b)），1FU可能先动作，进而失去选择性。为保证选择性，要求

$$t_1' \geqslant 3t_2' \tag{5-38}$$

式中，t_1'为1FU的实际熔断时间；t_2'为2FU的实际熔断时间。

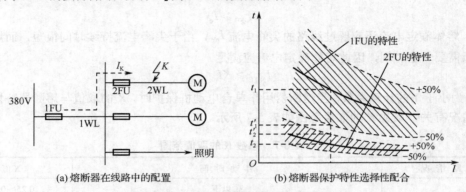

(a) 熔断器在线路中的配置　　　　(b) 熔断器保护特性选择性配合

图5-3　前、后级熔断器选择性配合

一般1FU的熔体额定电流应比2FU的熔体额定电流大2～3级。常用低压熔断器的技术数据参见附表10。

【**例5-6**】　某动力线路上有一台三相异步电动机，其参数为：额定电压U_N=380V，额定功率P_N=15kW，额定功率因数$\cos\varphi_N$=0.8，额定工作时的效率η_N=0.88，启动倍数为7，启动时间为3～8s。采用截面为16mm²塑料绝缘铜导体（已知30℃时三根单芯线允许载流量为50A），三相短路电流为16.7kA，采用熔断器作短路保护。试计算熔断器熔体的额定电流并进行校验。

解：（1）电动机的额定电流为

$$I_N = \frac{P_N}{\sqrt{3} \times U_N \times \cos\varphi_N \times \eta_N} = \frac{15}{\sqrt{3} \times 0.38 \times 0.8 \times 0.88} = 32.37\text{A}$$

启动电流为

$$I_{st} = 7I_N = 7 \times 32.37 = 226.61\text{A}$$

选择熔体及熔断器额定电流为

$$I_{N.FE} \geqslant I_c = 32.37\text{A}$$

$$I_{N.FE} \geqslant 0.4I_{st} = 90.64\text{A}$$

根据以上两式计算结果，查表附表10选择RT19-125型熔断器，熔断器额定电流为125A，其熔体额定电流为50A，最大分断电流为50kA。

（2）校验熔断器断流能力

$$I_{cs} = 50\text{kA} > I''^{(3)} = 16.70\text{kA}$$

熔断器断流能力满足要求。

（3）导线与熔断器的配合校验。当熔断器用作短路保护且某导线为绝缘铜导线时，则有$K_{OL}=2.5$；30℃三根单芯线允许载流量$I_{al}=50\text{A}$，即

$$I_{N\cdot FE} = 50\text{A} < 2.5 \times 50 = 125\text{A}$$

故所选RT19-125/50型熔断器满足要求。

5.8 低压断路器的选择

5.8.1 低压断路器选择的一般原则

低压断路器的选择应满足以下几个条件。

（1）低压断路器的型号及操作机构形式应符合工作环境、保护性能等方面的要求。

（2）低压断路器的额定电压应不低于装设地点线路的额定电压。

（3）低压断路器脱扣器的选择和整定应满足保护要求。

（4）低压断路器的壳架等级额定电流应不小于脱扣器的额定电流，即

$$I_{\mathrm{N \cdot QF}} \geqslant I_{\mathrm{N \cdot OR}} \tag{5-39}$$

壳架等级额定电流是指框架或塑壳中流过的最大脱扣器额定电流，表明断路器的框架或塑壳通流能力的参数，主要由主触头的通流能力决定。过电流脱扣器额定电流又称低压断路器额定电流。

（5）低压断路器的额定短路分断电流 I_{cs} 应不小于其安装处的最大短路电流。

对万能式低压断路器而言，其分断时间在 0.02s 以上时，按下式校验

$$I_{\mathrm{cs}} \geqslant I_{\mathrm{K \cdot max}}^{(3)} \tag{5-40}$$

对塑料外壳式低压断路器而言，其分断时间在 0.02s 以下时，按下式校验

$$I_{\mathrm{cs}} \geqslant I_{\mathrm{sh}}^{(3)} \tag{5-41}$$

5.8.2 低压断路器的脱扣器的选择和整定

低压断路器的脱扣器主要有过电流（电磁）脱扣器、热脱扣器、欠电压脱扣器、分励脱扣器等。其中过电流脱扣器又分长延时过电流脱扣器（又称反时限脱扣器）、短延时过电流脱扣器（又称定时限脱扣器）和瞬时过电流脱扣器。脱扣器对电流的整定有的可调，而有的不可调，如过电流脱扣器可级差调整，智能型断路器的控制器可连续调整，热脱扣器有不可调整和可级差调整之分。一般是先选择脱扣器的形式，然后选择其额定电压（或额定电流），再整定脱扣器的动作电流和动作时间。

1. 过电流脱扣器的选择和整定

（1）过电流脱扣器额定电流的选择。过电流脱扣器的额定电流 $I_{\mathrm{N \cdot OR}}$ 应不小于线路的计算电流 I_{c}，即

$$I_{\mathrm{N \cdot OR}} \geqslant I_{\mathrm{c}} \tag{5-42}$$

（2）过电流脱扣器动作电流的整定。

① 瞬时过电流脱扣器动作电流的整定。瞬时过电流脱扣器的动作电流 $I_{\mathrm{op(i)}}$ 应躲过线路的尖峰电流 I_{pk}，即

$$I_{\mathrm{op(i)}} \geqslant K_{\mathrm{rel}} I_{\mathrm{pk}} \tag{5-43}$$

式中，K_{rel} 为可靠系数。对动作时间在 0.02s 以上的万能式低压断路器而言，$K_{\mathrm{rel}} = 1.35$；对动作时间在 0.02s 以下的塑料外壳式（简称塑壳式）低压断路器而言，$K_{\mathrm{rel}} = 2 \sim 2.5$。

② 短延时过电流脱扣器动作电流和动作时间的整定。短延时过电流脱扣器动作电流 $I_{\mathrm{op(s)}}$ 也应躲过线路尖峰电流 I_{pk}，即

$$I_{op(s)} \geq K_{rel} I_{pk} \tag{5-44}$$

式中，K_{rel} 为可靠系数，可取 1.2。

短延时过电流脱扣器动作时间一般不超过 1s，通常分为 0.2s、0.4s、0.6s 共 3 级。但是，目前在一些新产品中，短延时过电流脱扣器的时间也有所不同，如 CW2 型断路器，其定时限特性为 0.1s、0.2s、0.3s、0.4s 共 4 级。ME 系列断路器采用半导体过电流脱扣器时，其短延时范围为 30～270ms，若短延时时间为分级式，则每级为 30ms 或 60ms。总之要根据保护要求确定动作时间。

③ 长延时过电流脱扣器动作电流和动作时间的整定。长延时过电流脱扣器动作电流 $I_{op(l)}$ 只需躲过线路的计算电流 I_c，即

$$I_{op(l)} \geq K_{rel} I_c \tag{5-45}$$

式中，K_{rel} 取 1.1。

长延时过电流脱扣器用于过负荷保护，动作时间为反时限特性，一般动作时间为 1～2h。

过电流脱扣器的动作电流需要按照其额定电流的倍数来整定，即选择过电流脱扣器的整定倍数 K。过电流脱扣器动作电流应不大于整定倍数与过电流脱扣器的额定电流的乘积，即 $KI_{N \cdot OR} \geq I_{op}$。各种型号断路器的脱扣器动作电流整定倍数不一样。不同类型的过电流脱扣器（如瞬时、短延时、长延时脱扣器）的动作电流倍数也不一样。有些型号断路器动作电流倍数分挡设定，而有些型号断路器动作电流倍数可连续调节，详见相关产品技术参数。

④ 过电流脱扣器与配电线路的配合要求。低压断路器还需考虑与配电线路的配合，防止被保护线路因过负荷或短路故障引起导线或电缆过热，其配合条件为

$$I_{op} \leq K_{OL} I_{al} \tag{5-46}$$

式中，I_{al} 为绝缘导线或电缆的允许载流量；K_{OL} 为导线或电缆允许的短时过负荷系数。对瞬时和短延时过电流脱扣器而言，$K_{OL} = 4.5$；对长延时过电流脱扣器而言，$K_{OL} = 1$；对区域内有爆炸气体的配电线路过电流脱扣器而言，$K_{OL} = 0.8$。

当上述配合要求得不到满足时，可改选脱扣器动作电流，或增大配电线路导线截面面积。

2．热脱扣器的选择和整定

（1）热脱扣器的额定电流应不小于线路最大计算负荷电流 I_c，即

$$I_{N \cdot TR} \geq I_c \tag{5-47}$$

（2）可调热脱扣器的动作电流的整定应按线路最大计算负荷电流来整定，即

$$I_{op(TR)} = KI_{N \cdot TR} \geq K_{rel} I_c \tag{5-48}$$

式中，K 为热脱扣器的整定倍数，应在实际运行时对其进行调试；K_{rel} 取 1.1。

3．欠电压脱扣器和分励脱扣器的选择

欠电压脱扣器主要用于欠压或失压（零压）保护，当电压下降低于 $(0.35～0.7)U_N$ 时便能动作。分励脱扣器主要用于断路器的分闸操作，在电压为 $(0.85～1.1)U_N$ 时便能可靠动作。

欠电压脱扣器和分励脱扣器的额定电压应等于线路的额定电压，并按直流或交流的电流类型及操作要求进行选择。

5.8.3 前、后级低压断路器选择性的配合

为了满足前、后级断路器选择性的要求，在动作电流选择性配合时，前一级动作电流应大于等于后一级动作电流的 1.2 倍，即

$$I_{\text{op}\cdot(1)} \geq 1.2 I_{\text{op}\cdot(2)} \qquad (5\text{-}49)$$

在动作时间选择性配合时，若后一级（靠近负载）采用瞬时过电流脱扣器，则前一级（靠近电源）要求采用短延时过电流脱扣器；若前、后级都采用短延时脱扣器，则前一级短延时时间应至少应比后一级短延时时间大一级。由于低压断路器保护特性时间误差为$\pm20\%\sim\pm30\%$，因此为防止误动作，应把前一级动作时间计入负误差（提前动作），后一级动作时间计入正误差（滞后动作）。在这种情况下，仍要使前一级动作时间大于后一级动作时间，才能保证前、后级断路器选择性配合。

5.8.4 低压断路器灵敏度的校验

低压断路器短路保护灵敏度应满足以下条件

$$K_{\text{s}} = \frac{I_{\text{K}\cdot\text{min}}}{I_{\text{op}}} \geq 1.3 \qquad (5\text{-}50)$$

式中，K_{s}为灵敏度；I_{op}为瞬时或短延时过电流脱扣器的动作电流整定值；$I_{\text{K}\cdot\text{min}}$为保护线路末端在最小运行方式下的短路电流，对于TN（保护接零）系统和TT（保护接地）系统，$I_{\text{K}\cdot\text{min}}$应为单相短路电流，对于IT（中性点不接地）系统，$I_{\text{K}\cdot\text{min}}$应为两相短路电流。常用低压断路器的技术数据见附表11。

【例5-7】 已知380V三相三线线路采用BV三芯绝缘导线穿塑料管（30℃），线路计算电流为105A，尖峰电流为370A，线路首端最大三相短路电流为7.4kA，末端最小两相短路电流为2.3kA，冲击短路电流有效值为8.08kA，线路允许载流量为239A（30℃时），试选择低压断路器。

解： 低压断路器用于配电线路的保护，选择CM2系列塑壳断路器，相关参数查看附表11，确定配置瞬时热脱扣器。

（1）瞬时脱扣器额定电流的选择及动作电流的整定。

① 瞬时脱扣器额定电流为

$$I_{\text{N}\cdot\text{OR}} \geq I_{\text{c}} = 105\text{A}$$

查附表11-1，选取瞬时脱扣器额定电流为125A。

② 瞬时脱扣器动作电流为

$$I_{\text{op(i)}} \geq K_{\text{rel}} I_{\text{pk}} = 2 \times 370\text{A} = 740\text{A}$$

查附表11-1，瞬时脱扣器整定倍数为$(5/6/7/8/9/10)I_{\text{N}\cdot\text{OR}}$，选择6倍整定倍数，其动作电流整定为

$$I_{\text{op(i)}} = 160\text{A} \times 6 = 960\text{A} > 740\text{A}$$

故瞬时脱扣器动作电流整定满足要求。

③ 通过下式校验与保护线路的配合是否满足要求。

$$I_{\text{op(i)}} = 960\text{A} \leq 4.5 I_{\text{al}} = 4.5 \times 239\text{A} = 1075.50\text{A}$$

故与保护线路的配合满足要求。

（2）热脱扣器额定电流的选择及动作电流的整定。

① 热脱扣器额定电流为

$$I_{\text{N}\cdot\text{TR}} \geq I_{\text{c}} = 105\text{A}$$

查附表11-1，选取热脱扣器额定电流为160A。

② 热脱扣器动作电流为

$$I_{\text{op(TR)}} \geq K_{\text{rel}} I_{\text{c}} = 1.1 \times 105 = 115.50\text{A}$$

查附表 11-1，热脱扣器整定倍数为 $(0.8/0.9/1.0)I_{N \cdot TR}$，选择 0.9 倍整定倍数，其动作电流整定为

$$I_{op(TR)} = 160A \times 0.9 = 144A > 115.50A$$

故热脱扣器动作电流整定满足要求。

（3）断路器壳架等级额定电流为

$$I_{N \cdot QF} \geq I_{N \cdot OR} = 160A$$

查附表 11-1，选壳架等级额定电流为 225A，断路器为 CM2-225L 型。

（4）断流能力的校验。

查附表 11-1，CM2-225L 型断路器的额定短路开断电流 I_{cs} 为 50kA。又因为

$$I_{cs} = 50kA > I_{sh}^{(3)} = 8.08kA$$

所以断路器的断流能力满足要求。

（5）通过下式对灵敏度进行校验。

$$K_s = \frac{I_{K \cdot min}}{I_{op}} = \frac{2.3 \times 10^3}{960} = 2.4 > 1.3$$

故灵敏度满足要求。

综上，选择 CM2-225L 型低压断路器满足要求。

本章小结

电气设备的型号应根据工作要求和环境条件进行选择。电气设备的额定电压应不小于线路的额定电压，电气设备的额定电流应不小于线路的实际计算电流。按短路条件校验电气设备的动稳定和热稳定，如隔离开关、电流互感器、穿墙套管、母线（硬）等。电缆只需校验热稳定而不需校验动稳定。电压互感器不需校验动稳定和热稳定，支柱绝缘子不需校验热稳定，而需校验动稳定。分断短路电流的开关设备（如断路器、熔断器）均需校验断流能力。

电流互感器需要选择变比、准确度，并且要校验其二次侧负荷是否满足准确度的要求。

高压开关柜的选择主要有型号选择、回路方案号选择及柜内设备选择。

变压器是变电所中关键的一次设备，其主要功能是升高或降低电压，以利于电能的合理输送、分配和使用。变压器台数和容量的选择要符合规定。

低压熔断器和低压断路器的保护特性误差较大，在进行选择性配合时，要将误差计入，即前一级计入负误差（提前动作），后一级计入正误差（滞后动作），并保证选择性配合。

习题 5

1．电气设备选择的一般原则是什么？

2．高压断路器按哪些项目选择？按哪些项目校验？

3．电压互感器按哪些项目校验？为什么？

4．电流互感器变比如何选择？二次绕组的负荷怎样计算？

5．电流、电压互感器准确度如何选择？

6．室内母线有几种型号？如何选择室内母线的截面？

7．支柱绝缘子的作用是什么？按哪些条件选择？

8．穿墙套管的作用是什么？按哪些条件选择？

9. 移开式开关柜与固定式开关柜的结构特点分别是什么？

10. 低压熔断器如何选择？前、后级熔断器间在选择性方面如何进行配合？

11. 低压断路器如何选择？前、后级低压断路器间在选择性方面如何进行配合？

12. 某 10kV 线路计算电流为 185A，三相短路电流为 10kA，短路冲击电流为 26kA，假想时间为 1.5s，试选择断路器、隔离开关。

13. 某 10kV 线路计算电流为 178A，三相短路电流为 10kA，冲击短路电流为 24kA，假想时间为 1.5s，变压器容量为 630kV·A，高压侧短路容量为 100MV·A，若用 XRNT1 型高压熔断器作为高压侧短路保护，试选择熔断器的型号规格并校验其断流能力。

14. 按第 13 题的电气条件，选择 10kV 母线上电压互感器高压侧熔断器的规格并校验熔断器的断流能力。

15. 变压所室内有一台容量为 1000kV·A（10/0.4kV）的变压器，最大负荷利用时间为 5600h，低压侧母线采用 TMY 型，并且在支柱绝缘子上水平摆放，试选择低压母线的截面（提示：按经济电流密度选择）。

16. 某高压配电室采用 LMY-100×10 硬铜母线，平放在 ZA-10Y 支柱绝缘子上，母线中心距为 0.25m，支柱绝缘子间跨距为 1.2m，与 CWL-10/600 型穿墙套管间跨距为 1.5m，穿墙套管间距为 0.25m。最大短路冲击电流为 32kA，试对母线、支柱绝缘子和穿墙套管的动稳定进行校验。

17. 某 380V 动力线路，有一台 14kW 电动机，功率因数为 0.87，效率为 0.89，启动倍数为 7，启动时间为 3～8s，塑料绝缘铜芯导线截面为 16mm²，穿钢管敷设，三相短路电流为 14.7kA，采用熔断器作为短路保护并与线路配合。试选择熔断器及熔体额定电流（环境温度按 35℃计）。

18. 某 380V 低压干线上，计算电流为 170A，尖峰电流为 390A，安装地点三相短路冲击电流有效值为 28.5kA，末端最小两相短路电流为 4.88kV，线路允许载流量为 398A（环境温度 35℃计），试选择低压塑壳断路器的型号和规格（带瞬时热脱扣器），并校验断路器的断流能力。

第6章 电力线路

电力线路是供配电系统的重要组成部分，担负着输送和分配电能的任务，在整个供配电系统中有着重要的作用。

6.1 电力线路的接线方式

电力线路的接线方式是指由电源端（变配电所）向负荷端（电能用户或用电设备）输送电能时采用的网络形式。

6.1.1 高压电力线路的接线方式

高压电力线路有放射式、树干式和环形等基本接线方式。

1．放射式接线

放射式接线就是每个负荷都由独立的线路供电，并且电能都来自于总配电室，线路之间互不影响，因此供电可靠性较高，而且便于装设自动装置。放射式接线的缺点是高压开关设备使用数量较多，而且每台高压断路器或负荷开关都需要装设一个高压开关柜，从而使投资增加。

2．树干式接线

树干式接线就是许多负荷共用一条线路，树干式接线与放射式接线相比，存在的优点有：在多数情况下能减少线路的有色金属消耗量；采用的高压开关数量较少，投资较低。存在的缺点有：供电可靠性较低，当高压配电干线发生故障或检修时，接于该干线的所有负荷都要停电；在实现自动控制方面，适应性较差。

3．环形接线

环形接线实质上是两端供电的树干式接线。为了避免环形线路发生故障时影响整个电网的正常运行，也为了便于实现线路继电保护的选择性，因此绝大多数环式接线采取"开口"运行方式，即环形线路中有一处的开关在正常工作时是断开的。环形接线在现代城市电网中应用广泛。

6.1.2 低压电力线路的接线方式

企业的低压电力线路有放射式、树干式和环形等基本接线方式。

1．放射式接线

放射式接线的特点是：其配电出线发生故障时，不会影响其他配电出线的运行，因此供电可靠性较高，如图6-1所示。

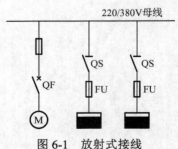

图6-1 放射式接线

2．树干式接线

树干式接线的特点是：一般情况下，树干式接线采用的开关设备较少，有色金属消耗量也较少，但在干线发生故障时，影响范围大，因此供电可靠性较低，如图 6-2 所示。

3．环形接线

环形接线的供电可靠性较高。任意一段线路发生故障或检修时，均不会造成长时间供电中断，一旦切换电源的操作完成，即可恢复供电，如图 6-3 所示。环形接线可使电能损耗和电压损失减少，但是环形接线的继电保护装置及其整定配合比较复杂，如配合不当，容易发生误动作，反而扩大故障停电范围。

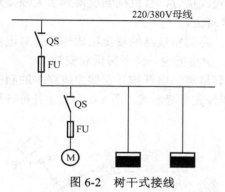

图 6-2　树干式接线

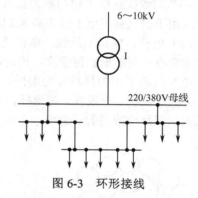

图 6-3　环形接线

6.2　电力线路的结构与敷设

1．电力线路的结构类型及其特点

电力线路按结构形式分为架空线路、电缆线路和车间线路三类。

（1）架空线路是利用电杆架空敷设导线的露天线路。架空线路造价较低，施工容易，巡视、检修方便，易于发现和排除故障，因此被广泛采用。

（2）电缆线路是利用电力电缆敷设的线路。电缆线路可避免雷电危害和机械损伤，不影响厂区地面设施，整齐美观，但造价高，维护、检修不便，通常在不宜采用架空线路时采用该线路。

（3）车间线路是指在车间内、外敷设的各类配电线路，包括用绝缘导线沿墙、沿屋架或沿天花板明敷的线路，以及用绝缘导线穿管沿墙、沿屋架或埋地敷设的线路。

2．架空线路的结构和敷设

架空线路由避雷线、电杆、绝缘子和线路金具等主要元件组成。为了防雷，有的架空线路上还在电杆顶端架设避雷线（架空地线），如图 6-4所示。为了加强电杆的稳固性，有的电杆还安装拉线或板桩。

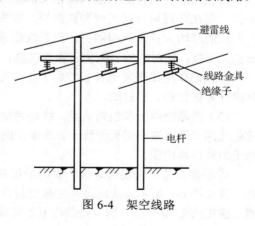

图 6-4　架空线路

（1）架空线路的导线。导线是线路的主体，担负着输送电能（电力）的任务。导线材质一般有铜、铝和钢三种。

架空线路一般采用多股绞线架设在杆塔上，因为线路要承受自重、风压、冰雪载荷等机械力的作用及剧烈的温度变化和化学腐蚀，所以要求导线具有优良的导电性能、机械强度和较强的耐腐蚀能力。绞线又分为铜绞线（TJ）、铝绞线（LJ）和钢芯铝绞线（LGJ）。其中，铜的导电性能好，机械强度大，抗拉强度高，抗腐蚀能力强；铝的导电性能仅次于铜，机械强度较差，但铝的价格便宜；钢的导电性能差，但其机械强度较高。所以为了提高铝的机械强度，采用多股绞成并用抗拉强度较高的钢作为线芯，把铝线绞在线芯外面，作为导电部分，这种绞线称为钢芯铝绞线，其截面如图6-5所示。

钢芯铝绞线集中了铝和钢的优点，其导电率与铝绞线接近，且机械强度得到了大幅提升，广泛应用于机械强度要求较高和35kV及以上的架空线路上。

（2）电杆、横担和拉线。电杆是支撑导线的支柱，是架空线路的重要组成部分。对电杆的要求主要有：足够的机械强度，同时尽可能经久耐用，价格低廉，便于搬运和安装。

电杆按其采用的材料分为木杆、水泥杆、铁塔和管塔等。电杆按其在架空线路中的功能和地位分为直线杆、分段杆、转角杆、终端杆、跨越杆和分支杆等形式。图6-6为上述各种杆型在低压架空线路中应用的示意图。

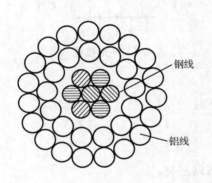

图6-5　钢芯铝绞线截面

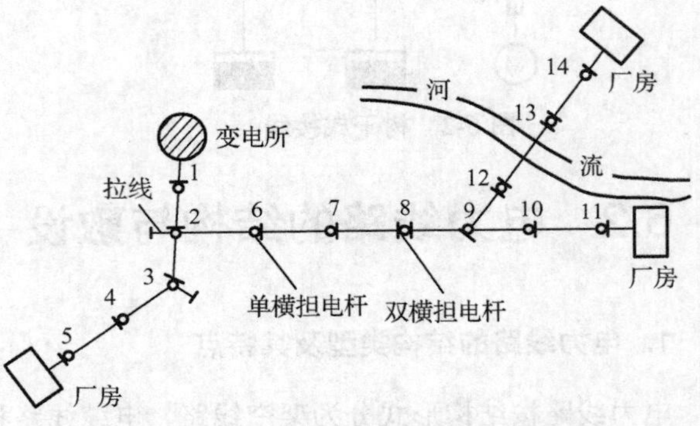

1、5、11、14—终端杆；2、9—分支杆；3—转角杆；

4、6、7、10—直线杆（中间杆）；8—分段杆；12、13—跨越杆

图6-6　各型杆型在低压架空线路中应用的示意图

横担安装在电杆的上部，用来安装绝缘子以架设导线。常用的横担有木横担、铁横担和瓷横担，现在普遍采用铁横担和瓷横担。瓷横担用于高压架空线路时，兼有绝缘子和横担的双重功能，能节约大量木材和钢材，降低线路成本。另外，瓷横担能在断线时转动，可避免因断线而扩大事故，同时它的表面便于雨水冲洗，可减少线路维护工作。

拉线的作用是平衡电杆各方面的作用力并抵抗风压以防止电杆倾倒，如终端杆、转角杆、分段杆等往往都装有拉线。

（3）线路绝缘子和线路金具，线路绝缘子用来将导线固定在电杆上，并使导线与电杆绝缘。常用的绝缘子主要有陶瓷绝缘子，玻璃钢绝缘子，合成绝缘子，半导体绝缘子。图6-7为线路绝缘子的外形结构图。

线路金具是用来连接导线、安装横担和绝缘子、固定和紧固拉线等的金属附件，常见的线路金具如图6-8所示。线路金具用来安装针式绝缘子的直脚和弯脚（碟式绝缘子的穿心螺钉）、固定横担的U型抱箍、调节拉线松紧的花篮螺丝等。

（4）架空线路的敷设

① 架空线路的选择。正确选择线路路径排定杆位，要求路径要短，转角要少，交通运输方便，便于施工架设和维护，尽量避开江河、道路和建筑物，运行可靠，地质条件好，另外还要考虑今后的发展。另外，敷设架空线路要严格遵守有关技术规程的规定。

② 导线在电杆上的排列方式，如图6-9所示。

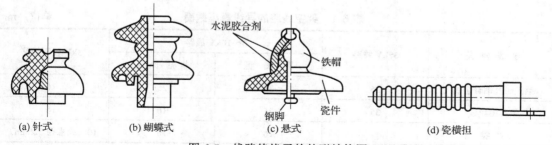

(a) 针式　　　　(b) 蝴蝶式　　　　(c) 悬式　　　　(d) 瓷横担

图 6-7　线路绝缘子的外形结构图

(a) 直脚及绝缘子　　　(b) 弯脚及绝缘子　　　(c) 穿心螺钉

(d) U型抱箍　　　　(e) 花篮螺钉　　　　(f) 悬式绝缘子

图 6-8　常见的线路金具

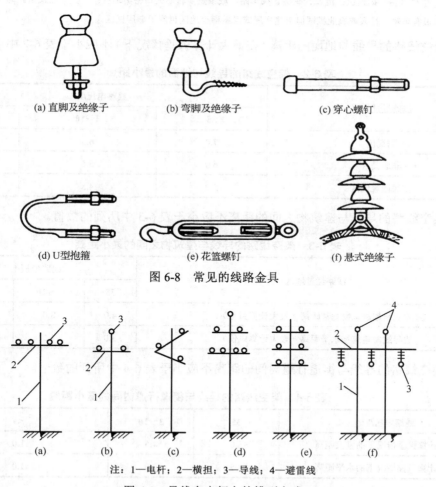

(a)　　　(b)　　　(c)　　　(d)　　　(e)　　　(f)

注：1—电杆；2—横担；3—导线；4—避雷线

图 6-9　导线在电杆上的排列方式

③ 架空线路的挡距与弧垂。架空线路的挡距（又称跨距）是指同一条线路两个相邻电杆之间的水平距离，厂区低压架空线路的挡距为25～40m，高压（10kV及以下）架空线路的挡距为

35～50m。

导线的弧垂是指架空线路一个挡距内导线最低点与两端电杆上导线固定点间的垂直距离。

（5）架空线路设计的一般要求

① 低压架空线路不应采用单股的铝线或铝合金线，高压架空线路不应采用单股铜线。架空线路的导线截面不应小于表 6-1 中所列的数值。

表 6-1　架空线路的导线最小截面　　　　　　　　　单位：mm^2

导 线 种 类	35kV 线路	3～10kV 线路		3kV 以下线路
		居 民 区	非 居 民 区	
铝绞线及铝合金线	35	35	25	16
钢芯铝绞线	35	25	16	16
铜 线		16	16	10（线直径 3.2mm）

注：① 居民区指厂矿地区，港口、码头、火车站，城镇及乡村等人口密集地区；　② 非居民区指居民区以外的其他地区。此外，虽有车辆、行人或农业机械但未建房屋或房屋稀少地区也属于非居民区。

② 架空线路的导线与地面的距离（在最大计算弧垂情况下）不应小于表 6-2 中所列的数值。

表 6-2　架空线路的导线与地面的最小距离　　　　　　　　　单位：m

线路经过地区	线路电压/kV		
	35	3～10	<3
居民区	7.0	6.5	6.0
非居民区	6.0	5.5	5.0
交通困难地区	5.0	4.5	4.0

③ 架空线路的导线与建筑物之间的距离不应小于表 6-3 中所列的数值。

表 6-3　架空线路的导线与建筑物之间的最小距离　　　　　　　　　单位：m

线路经过地区	线路电压/kV		
	35	3～10	<3
导线跨越建筑物垂直距离（最大计算弧垂）	4.0	3.0	2.5
边导线与建筑物水平距离（最大计算风偏）	3.0	1.5	1.0

④ 架空线路的导线与街道行道树间的距离不应小于表 6-4 中所列的数值。

表 6-4　架空线路的导线与街道行道树间的最小距离　　　　　　　　　单位：m

线路电压/kV	35	3～10	<3
最大计算弧垂情况下的垂直距离	3.0	1.5	1.0
最大计算风偏情况下的水平距离	3.5	2.0	1.0

⑤ 3～10kV 高压接户线的截面不应小于下列数值：16mm^2（铜绞线的截面），25mm^2（铝绞线的截面）。

⑥ 1kV 以下低压接户线应采用绝缘导线；导线截面应根据允许载流量进行选择，但不应

小于表 6-5 中所列的数值。

表 6-5　低压接户线的最小截面

敷 设 方 式	挡距/m	最小截面/mm²	
		绝缘铝线	绝缘铜线
自电杆引下	<10	4.0	2.5
	10～25	6.0	4.0
沿墙敷设	<6	4.0	2.5

注：接户线的挡距不宜大于 25m，若大于 25m，则需要增设接户杆。

3．电缆线路的结构和敷设

（1）电力电缆的结构。电力电缆是一种特殊的导线，由缆芯、绝缘层、铅包（或铝包）和保护层等几个部分组成。保护层又分为内护层和外护层，内护层用以直接保护绝缘层，而外护层用以防止内护层遭受机械损伤和腐蚀，外护层通常是钢丝或钢带构成的钢缆，外覆沥青、麻被或塑料护套，如图 6-10 所示。

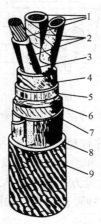

注：1—缆芯；2—绝缘层；3—麻筋；4—油浸纸；5—铅包；6—涂沥青的纸带；7—浸沥青的麻被；8—铜铠；9—麻被

图 6-10　电力电缆的结构

电力电缆的类型有很多，电力电缆按其缆芯材质分为铜芯和铝芯两大类；按芯数又可分为单芯、双芯、三芯及四芯等；按其采用的绝缘介质分为油浸纸绝缘电缆和塑料绝缘电缆两大类。塑料绝缘电缆又有聚氯乙烯绝缘及护套电缆和交联聚乙烯绝缘及护套电缆两种。

（2）电缆头的结构。电缆头包括将两段电缆连接在一起的中间接头、电缆始端和终端连接导线及电气设备的终端头。电缆终端头分户外型和户内型两种。户内型电缆终端头形式较多，常用的有铁皮漏斗型终端头、塑料干封型终端头和环氧树脂型终端头。环氧树脂型终端头具有工艺简单、绝缘和密封性好、体积不大、重量轻、成本低等优点，被广泛使用。经验表明，电缆头是电缆线路中的薄弱环节，线路中的大部分故障都是发生在接头处的，因此电缆头的制作要求很严格，必须保证电缆密封完好，使电缆具有良好的电气性能、较高的绝缘强度和机械强度。

（3）电缆的敷设方式。敷设电缆一定要严格按照有关规程和设计要求进行，电缆敷设的路径要尽量短，力求减少弯曲，尽量减少外界因素对电缆的损坏；散热要好；尽量避免与其他管道交叉；避开规划中要挖土的地方。

企业中常见的电缆敷设方式有直接埋地敷设、电缆沟敷设、电缆隧道敷设、电缆桥架敷设等。

① 直接埋地敷设。通常沿敷设路径挖一条壕沟，深度不得小于 0.7m，离建筑物不得小于 0.6m，在沟底铺以 100mm 厚的软土或沙层，再敷设电缆，然后在其上再铺 100mm 厚的软土或沙层，最后盖以混凝土保护层，如图 6-11 所示。这种敷设方法散热性好、载流量大、敷设方便、设有专门设施、准备期短并且比较经济，但维护、更换电缆麻烦，对外来机械损伤的抵御能力差，易受土壤腐蚀物质损害。一般大型工厂车间与变电站之间的较长干线宜采用这种敷设方式。

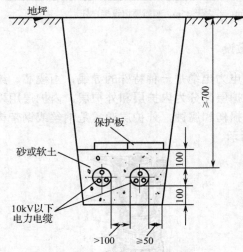

图 6-11 直接埋地敷设

② 电缆沟敷设。将电缆敷设在预先修建好的水泥沟内，上面用盖板覆盖，这种敷设方式占地面积小，走向灵活，敷设检修、更换和增设电缆均较方便，并且可以多根或多种电缆并排敷设，但该敷设方式的投资较直接埋地敷设方式的投资大，载流量比直接埋地敷设方式的载流量小，并且在容易积水的场所不宜采用这种敷设方式，如图 6-12 所示。

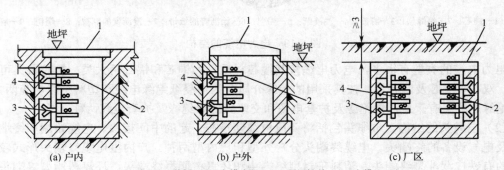

注：1—盖板；2—电缆支架；3—预埋铁件；4—电缆

图 6-12 电缆沟敷设

③ 电缆隧道敷设。电缆隧道具有敷设、检修、更换和增设电缆十分方便的优点，可以同时敷设几十根以上的各种电缆。缺点是投资很大，防火要求很高，一般用于大型企业变电所、发电厂引出区。

④ 电缆桥架敷设。利用车间空间、墙、柱、梁等支架固定电缆，这种敷设方式排列整齐，结构简单，维护检修方便。缺点是积灰严重，易受热力管道影响，不够美观，如图 6-13 所示。

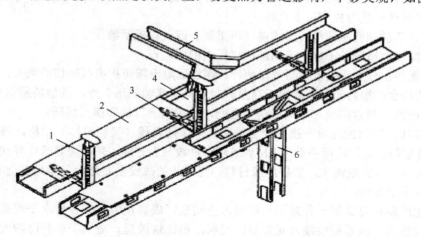

1—支架；2—盖板；3—支臂；4—线槽；5—水平分支线槽；6—垂直分支线槽

图 6-13　电缆桥架敷设

（4）电缆敷设的一般要求。电缆与管道之间无隔板防护时，相互间距应符合电缆与管道之间允许的距离规定，如表 6-6 所示。

表 6-6　电缆与管道之间允许的距离　　　　　　　　　　　　单位：mm

电缆与管道之间走向		电 力 电 缆	控制电缆和信号电缆
热力管道	平行	1000	500
	交叉	500	250
其他管道	平行	150	100

为了识别裸导线（含母线）的相序，以利于运行维护和检修，按 GB 2681—1981《电工成套装置中的导线颜色》规定，交流三相系统中的裸导线应按如表 6-7 所示的内容涂色。裸导线不同的颜色不仅可以用来辨别相序和用途，而且能够防腐蚀和改善散热条件。

表 6-7　交流三相系统中裸导线的颜色

裸导线类别	A 相	B 相	C 相	N 线和 PEN 线	PE 线
涂漆颜色	黄	绿	红	淡蓝	黄绿双色

4．车间线路的结构和敷设

车间线路包括室内配电线路和室外配电线路。室内配电线路多采用绝缘导线，但配电干线多采用裸导线（或硬母线），少数情况下采用电缆；室外配电线路指沿着车间外墙或屋檐敷设的低压配电线路和引入建筑物的进户线，以及各车间之间短距离架空线路，一般均采用绝缘导线。

（1）绝缘导线。绝缘导线按芯线材料的不同分为铜芯绝缘导线和铝芯绝缘导线；按绝缘材料的不同分为橡胶绝缘导线和塑料绝缘导线；按芯线构造的不同可分为单芯绝缘导线、多芯绝缘导线和软线。

绝缘导线的敷设方式分明敷设和暗敷设两大类。导线敷设于墙壁、桁梁架或天花板等物体的表面称为明敷设；导线穿管埋设在墙内、地坪内或装设在顶棚里称为暗敷设。

绝缘导线具体布线方式有以下几种。

① 瓷夹、瓷柱和瓷瓶配线：沿墙壁（桁梁架）或天花板明敷设。

② 木板配线：适用于干燥、无腐蚀的房屋内的明敷设。

③ 穿管配线：分为明敷设和暗敷设两种。钢管适用于需防护机械损伤的场合，但不宜用于有严重腐蚀的场合；塑料管除不能用于高温和对塑料有腐蚀的场合外，其他场所均可选用。

④ 钢索配线：钢索横跨在车间或构架之间，一般用于厂房和露天场所。

（2）裸导线。车间的配电干线或分支线通常采用硬母线（又称母排）结构，截面形状有圆形、矩形和管形等，实际应用中采用 LMY 型硬铝母线最为普遍。采用裸导线作导线的原因是安装简单，投资少，容许电流大，节省绝缘材料。裸导线的敷设主要是为了满足安全间距的要求，距离地面不得少于 2.5m。

车间配电线路还可采用一种封闭式母线，由制造厂成套设备供应各种水平或垂直接头，构成插接式母线系统，该系统接线方式方便、灵活，也比较美观，适用于车间面积大，设备容量不大，用电设备布置均匀紧凑，而又可能因工艺流程改变需经常调整位置的车间。其缺点是结构复杂，需要的钢材多，价格昂贵。车间内的吊车滑触线通常采用角钢，但新型安全滑触线的载流导体则为钢排且外面有保护罩。

可见，车间低压线路敷设方式的选择应根据周围环境条件、工程设计要求和经济条件确定。

6.3　导线和电缆的选择

导线和电缆的选择是供配电设计中的重要内容之一。导线和电缆是分配电能的主要器件，选择得合理与否直接影响到有色金属的消耗量与线路投资，以及电网的安全经济运行。

6.3.1　导线和电缆形式的选择

高压架空线路一般采用铝绞线。当挡距较大、电杆较高时，宜采用钢芯铝绞线。沿海地区及有腐蚀性介质的场所宜采用铜绞线或防腐铝绞线。低压架空线路也一般采用铝绞线。

高压电缆线路在一般环境和场所，可采用铝芯电缆，但在有特殊要求的场所（例如在震动剧烈、有爆炸危险、高温及对铝有腐蚀的场所）应采用铜芯电缆；埋地敷设的电缆应采用有外护层的铠装电缆，但在无机械操作可能的场所可采用塑料护套电缆或带外护层的铅包电缆，在可能发生位移的土壤中埋地敷设的电缆应采用钢丝铠装电缆。敷设在电缆沟、桥架或穿管（排管）的电缆一般采用裸铠装电缆或塑料护套电缆，交联电缆宜优先采用。

低压电缆线路一般也采用铝芯电缆，但特别重要的或有特殊要求的线路可采用铜芯绝缘导线。

6.3.2　导线和电缆截面选择的条件

为了保证电力线路安全、可靠、优质、经济地运行，电力线路的导线和电缆截面的选择必须满足以下条件。

（1）发热条件。导线和电缆（包括母线）在通过正常最大负荷电流（即计算电流）时产生的发热温度，不应超过其正常运行时的最高允许温度。这就要求通过导体或电缆的最大负荷电流不应大于其允许载流量。常用裸导体及 10kV 三芯电缆的允许载流量见附表 13 和附表 14。

（2）电压损失条件。导线和电缆在通过正常最大负荷电流即线路计算电流时产生的电压损失，不应超过正常运行时允许的电压损失。

（3）经济电流密度。35kV 及以上高压线路及距离长、电流大的 35kV 以下的线路，其导线和电缆截面按经济电流密度选择，原则是使线路的年费用支出最小。企业内的 10kV 及以下线路通常不按此原则选择。

（4）机械强度条件。导线（包括裸导线和绝缘导线）截面应不小于其最小允许截面。架空裸导线的最小允许截面见附表 15，绝缘导线线芯的最小允许截面见附表 16。对于电缆，因为它有内、外护套，所以其机械强度一般均可以满足要求，不需要校验，但需要进行热稳定校验，母线也应进行热稳定校验。关于绝缘导线和电缆，还应满足工作电压的要求。

6.3.3　按发热条件选择导线和电缆截面

1. 三相系统相线截面的选择

按发热条件选择三相系统的相线截面时，应使其允许载流量不小于通过相线的计算电流，即 $I_{al} \geq I_{30}$。

若导线敷设地点的环境温度与导线允许载流量所采用的环境温度不同，则导线的允许载流量应乘以温度校正系数，即

$$K_\theta = \sqrt{\frac{\theta_{al} - \theta_0'}{\theta_{al} - \theta_0}} \tag{6-1}$$

式中，θ_{al} 为导线正常发热允许的最高温度；θ_0 为导线允许载流量的参考环境温度；θ_0' 为导线敷设地点的实际环境温度。

电缆在土壤中敷设时，因为土壤热阻系数不同，散热条件也不同，所以应对电缆允许的载流量进行校正，具体数据参考附表 17。电缆多根并排排列时，其散热性较单根敷设时的散热性差，故允许的载流量将减小，应进行校正，具体数据参考附表 18。

对电容器的引入线而言，由于电容器充电时有较大的涌流，因此其计算电流应取为电容器额定电流的 1.35 倍。必须注意，按发热条件选择导线和电缆截面时，还必须校验导线和电缆截面与其保护装置（熔断器或低压断路器保护）是否配合得当。

2. 中性线、保护线和保护中性线截面的选择

（1）中性线（N 线）截面的选择。三相四线制线路中的中性线要通过不平衡电流或零序电流，因此中性线的允许载流量不应小于三相系统中的最大不平衡电流，同时应考虑谐波电流的影响。

① 一般三相四线制的中性线截面 A_0 应不小于相线截面 A_φ 的 50%，即 $A_0 \geq 0.5A_\varphi$。

② 对于有三相四线制线路分支的两相三线制线路和单相线路，由于其中性线电流与相线电流相等，因此其中性线截面 A_0 应与相线截面 A_φ 相等，即 $A_0 = A_\varphi$。

③ 由于各相的三次谐波电流都要通过中性线，使得中性线电流可能接近甚至超过相电流，因此在这种情况下，中性线截面 A_0 应等于或大于相线截面 A_φ，即 $A_0 \geq A_\varphi$。

（2）保护线（PE 线）截面的选择。保护线要考虑三相线路发生单相短路故障时的单相短路的热稳定。根据短路热稳定的要求，保护线的截面 A_{PE} 按 GB 50054—1995《低压配电设计规范》规定：

① 当 $A_\varphi \leqslant 16\text{mm}^2$ 时，$A_{\text{PE}} \geqslant A_\varphi$。

② 当 $16\text{mm}^2 < A_\varphi \leqslant 35\text{mm}^2$ 时，$A_{\text{PE}} \geqslant 16\text{mm}^2$。

③ 当 $A_\varphi > 35\text{mm}^2$ 时，$A_{\text{PE}} \geqslant 0.5 A_\varphi$。

（3）保护中性线（PEN 线）截面的选择。由于保护中性线兼有保护线和中性线的双重功能，因此其截面选择应同时满足上述保护线和中性线的要求，即取其中的最大值。

6.3.4　按经济电流密度选择导线和电缆截面

导线（电缆）的截面越大，电能损耗就越小，但线路投资、维修管理费用和有色金属消耗量却会增加。因此，从经济方面考虑，应选择一个比较合理的导线截面。既能使电能损耗小，又不致过分增加线路投资、维修管理费用和有色金属的消耗量。我国现行的导线经济电流密度如表 6-8 所示。

按经济电流密度 j_{ec} 计算经济截面 A_{ec} 的公式为

$$A = \frac{I_{30}}{j_{\text{ec}}} \tag{6-2}$$

式中，I_{30} 为线路的计算电流。

表 6-8　我国现行的导线经济电流密度　　　单位：A/mm²

导体材料	年最大负荷利用小时		
	3000h 以下	3000～5000h	5000h 以上
铝线、钢芯铝线	1.65	1.15	0.90
铜线	3.00	2.25	1.75
铝芯电缆	1.92	1.73	1.54
铜芯电缆	2.50	2.25	2.00

【例 6-1】有一条用钢芯铝绞线架设的 35kV 架空线路，计算负荷 P_{30} 为 4500kW，$\cos\varphi = 0.83$，$T_{\text{max}} = 5000\text{h}$。试选择其经济截面，并校验发热条件和机械强度。

解　（1）选择经济截面。

$$I_{30} = \frac{P_{30}}{\sqrt{3}U_N \cos\varphi} = \frac{4500}{\sqrt{3} \times 35 \times 0.83} = 89.44\text{A}$$

由表 6-8 查得 $j_{\text{ec}} = 1.15\text{A}/\text{mm}^2$，因此可得

$$A_{\text{ec}} = \frac{89.44}{1.15} = 77.77\text{mm}^2$$

故选标准截面 70mm²，即选 LGJ-70 型钢心铝绞线。

（2）校验发热条件。查附表 13-1 得 LGJ-70 型钢芯铝绞线 $I_{\text{al}} = 275\text{A}$（环境温度 25℃）。由于 $I_{\text{al}} > I_{30} = 89.44\text{A}$，因此所选截面满足发热条件。

（3）校验机械强度。查附表 15 得 35kV 架空 LGJ 线的最小截面 $A_{\text{min}} = 35\text{mm}^2$。由于 $A = 70\text{mm}^2 > A_{\text{min}}$，因此所选截面满足机械强度的要求。

6.3.5　电压损失的计算

由于线路有阻抗，所以在负荷电流通过线路时有一定的电压损失。电压损失越大，则用电设备端子上的电压偏移就越大，当电压偏移超过允许值时将严重影响电气设备的正常运行。所

以按规范要求，线路的电压损失不宜超过规定值，如高压配电线路的电压损失，一般不超过线路额定电压的 5%；从变压器低压侧母线到用电设备受电端的低压配电线路的电压损失，一般也不超过用电设备额定电压的 5%（以满足用电设备要求为准）；对视觉要求较高的照明电路，则为 2%～3%。如果线路电压损失超过了允许值，应适当加大导线截面，使之小于允许电压损失。

a. 线路末端有一个集中负荷时三相线路电压损失的计算

如图 6-14 所示，线路末端有一个集中负荷 $S = p + jq$，线路额定电压为 U_N，线路电阻为 R，电抗为 X。

设线路首段线电压为 U_1，末端线电压为 U_2；线路首末两端线电压的相量差称为线路电压降，用 $\Delta \dot{U}$ 表示；线路首末两端线电压的代数差称为线路电压损失，用 ΔU 表示。

设每相电流为 I，负荷的功率因数为 $\cos\varphi_2$，线路首端和末端的相电压分别为 $U_{\varphi1}$，$U_{\varphi2}$，以末端电压 $U_{\varphi2}$ 为参考轴作出一相的电压相量图，如图 6-15 所示。

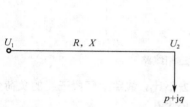

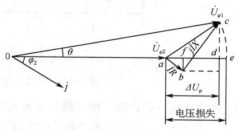

图 6-14　末端接有一个集中负荷的三相线路　　　图 6-15　末端接有一个集中负荷的三相线路
其中一相的电压相量图

由相量图可以看出，线路相电压损失为

$$\Delta U_\varphi = U_{\varphi1} - U_{\varphi2} = ae \tag{6-3}$$

ae 线段的准确计算比较复杂，由于 θ 角很小，所以在工程计算中，常以 ad 段代替 ae 段，其误差不超过实际电压损失的 5%，所以每相的电压损失为

$$\Delta U_\varphi = ad = af + fd = IR\cos\varphi_2 + IX\sin\varphi_2 = I(R\cos\varphi_2 + X\sin\varphi_2) \tag{6-4}$$

换算成线电压损失，则

$$\Delta U = \sqrt{3}\Delta U_\varphi = \sqrt{3}I(R\cos\varphi_2 + X\sin\varphi_2) \tag{6-5}$$

因为 $I = \dfrac{p}{\sqrt{3}U_2\cos\varphi_2}$，所以

$$\Delta U = \frac{pR + qX}{U_2} \tag{6-6}$$

在实际计算中，常采用线路的额定电压 U_N 来代替 U_2，误差极小，所以有

$$\Delta U = \frac{pR + qX}{U_N} \tag{6-7}$$

式中，p，q 为负荷的三相有功功率和无功功率。线路电压损失一般用百分值来表示，即

$$\Delta U\% = \frac{\Delta U}{1000U_N} \times 100 = \frac{\Delta U}{10U_N} \tag{6-8}$$

或

$$\Delta U\% = \frac{pR + qX}{10U_N^2} \tag{6-9}$$

注意：U_N 的单位是 kV，ΔU 的单位是 V，需要把 U_N 的单位转化为 V，所以才会在上面两式中出现系数 10。

b．线路上有多个集中负荷时线路电压损失的计算

以带 3 个集中负荷的三相线路为例，如图 6-16 所示。图中 P_1、Q_1，P_2、Q_2，P_3、Q_3 为通过各段干线的有功功率和无功功率；p_1、q_1，p_2、q_2，p_3、q_3 为各支线的有功功率和无功功率；r_1、x_1，r_2、x_2，r_3、x_3 为各段干线的电阻和电抗；R_1、X_1，R_2、X_2，R_3、X_3 为从电源到各支线负荷线路的电阻和电抗；l_1, l_2, l_3 为各干线的长度；L_1，L_2，L_3 为从电源到各支线负荷的长度；I_1，I_2，I_3 为各段干线的电流。

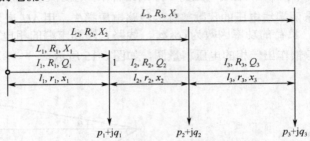

图 6-16　接有 3 个集中负荷的三相线路

因为供电线路一般较短，所以线路上的功率损耗可略去不计。线路上每段干线的负荷分别为

$$
\begin{aligned}
P_1 &= p_1 + p_2 + p_3 & Q_1 &= q_1 + q_2 + q_3 \\
P_2 &= p_2 + p_3 & Q_2 &= q_2 + q_3 \\
P_3 &= p_3 & Q_3 &= q_3
\end{aligned}
\tag{6-10}
$$

线路上每段干线的电压损失分别为

$$
\Delta U_1\% = \frac{P_1}{10U_N^2}r_1 + \frac{Q_1}{10U_N^2}x_1
$$

$$
\Delta U_2\% = \frac{P_2}{10U_N^2}r_2 + \frac{Q_2}{10U_N^2}x_2
\tag{6-11}
$$

$$
\Delta U_3\% = \frac{P_3}{10U_N^2}r_3 + \frac{Q_3}{10U_N^2}x_3
$$

线路上总的电压损失为

$$
\begin{aligned}
\Delta U\% &= \Delta U_1\% + \Delta U_2\% + \Delta U_3\% \\
&= \frac{P_1}{10U_N^2}r_1 + \frac{Q_1}{10U_N^2}x_1 + \frac{P_2}{10U_N^2}r_2 + \frac{Q_2}{10U_N^2}x_2 + \frac{P_3}{10U_N^2}r_3 + \frac{Q_3}{10U_N^2}x_3 \\
&= \sum_{i=1}^{3} \frac{P_i r_i + Q_i x_i}{10U_N^2}
\end{aligned}
\tag{6-12}
$$

推广到线路上有 n 个集中负荷时的情况，用干线负荷及各干线的电阻电抗计算，线路电压损失的计算公式为

$$
\Delta U\% = \frac{\displaystyle\sum_{i=1}^{n}(P_i r_i + Q_i x_i)}{10U_N^2}
\tag{6-13}
$$

若用支线负荷及电源到支线的电阻电抗表示，则有

$$\Delta U\% = \frac{\sum_{i=1}^{n}(p_i R_i + q_i X_i)}{10 U_N^2} \qquad (6\text{-}14)$$

如果各段干线使用的导体截面和结构相同，上两式可简化为

$$\Delta U\% = \frac{R_0 \sum_{i=1}^{n} P_i l_i + X_0 \sum_{i=1}^{n} Q_i l_i}{10 U_N^2} = \frac{R_0 \sum_{i=1}^{n} p_i L_i + X_0 \sum_{i=1}^{n} q_i L_i}{10 U_N^2} \qquad (6\text{-}15)$$

对于线路电抗可略去不计或线路的功率因数接近 1 的"无感"线路（如照明线路），电压损失的计算公式可简化为

$$\Delta U\% = \frac{\sum_{i=1}^{n} P_i r_i}{10 U_N^2} \qquad (6\text{-}16)$$

对于全线的导体型号规格一致的"无感"线路（均一无感线路），电压损失计算公式为

$$\Delta U = \frac{\sum_{i=1}^{n} P_i l_i}{\gamma S U_N} = \frac{\sum_{i=1}^{n} p_i L_i}{\gamma S U_N} = \frac{\sum_{i=1}^{n} M_i}{\gamma S U_N} \qquad (6\text{-}17)$$

式中，γ 为导体的电导率；S 为导体的截面；M_i 为各负荷的功率矩。

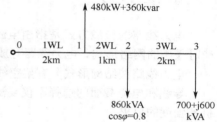

图 6-17 例 6-2 线路图

【例 6-2】 试计算如图 6-17 的 10kV 供电系统的电压损失。已知线路 1WL 导体型号为 LJ-95，$R_0 = 0.34\Omega/\text{km}$，$X_0 = 0.36\Omega/\text{km}$，线路 2WL、3WL 导体型号为 LJ-70，$R_0 = 0.46\Omega/\text{km}$，$X_0 = 0.369\Omega/\text{km}$。

解 用干线法求 10kV 供电系统的电压损失。

（1）计算每段干线的计算负荷

$P_1 = p_1 + p_2 + p_3 = 480 + 860 \times 0.8 + 700 = 1868\text{kW}$

$P_2 = p_2 + p_3 = 860 \times 0.8 + 700 = 1388\text{kW}$

$P_3 = p_3 = 700\text{kW}$

$Q_1 = q_1 + q_2 + q_3 = 360 + 860 \times \sin(\arccos 0.8) + 600 = 1476\text{kvar}$

$Q_2 = q_2 + q_3 = 860 \times \sin(\arccos 0.8) + 600 = 1116\text{kvar}$

$Q_3 = q_3 = 600\text{kvar}$

（2）计算各干线的电阻和电抗

$$r_1 = R_{01} l_1 = 0.34 \times 2 = 0.68\Omega \qquad x_1 = X_{01} l_1 = 0.36 \times 2 = 0.72\Omega$$

$$r_2 = R_{02} l_2 = 0.46 \times 1 = 0.46\Omega \qquad x_2 = X_{02} l_2 = 0.369 \times 1 = 0.369\Omega$$

$$r_3 = R_{03} l_3 = 0.46 \times 2 = 0.92\Omega \qquad x_3 = X_{03} l_3 = 0.369 \times 2 = 0.74\Omega$$

（3）计算 10kV 供电系统的电压损失

$$\Delta U\% = \sum \frac{P_i r_i + Q_i x_i}{10 U_N^2}$$

$$= \frac{1868 \times 0.68 + 1388 \times 0.46 + 700 \times 0.92 + 1476 \times 0.72 + 1116 \times 0.369 + 600 \times 0.74}{10 \times 10^2}$$

$$= 4.47$$

c. 负荷均匀分布线路的电压损失计算

如图 6-18 所示，设线段 L_2 的单位长度线路上的负荷电流为 i_0，则微小线段 dl 的负荷电流为 $i_0 \text{d}l$。

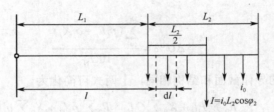

图 6-18　负荷均匀分布的线路

这个负荷电流 $i_0\mathrm{d}l$ 流过线路（长度为 l，电阻为 R_0l，电抗为 X_0l）所产生的电压损失为

$$\mathrm{d}(\Delta U)=\sqrt{3}i_0\mathrm{d}l(R_0l\cos\varphi_2+X_0l\sin\varphi_2)=\sqrt{3}i_0(R_0\cos\varphi_2+X_0\sin\varphi_2)l\mathrm{d}l \qquad (6\text{-}18)$$

因此，整个线路由分布负荷产生的电压损失为

$$\Delta U=\int_{L_1}^{L_1+L_2}\mathrm{d}(\Delta U)=\sqrt{3}i_0L_2(R_0\cos\varphi_2+X_0\sin\varphi_2)\left(L_1+\frac{L_2}{2}\right) \qquad (6\text{-}19)$$

令 $i_0L_2=I$ 为均匀分布负荷的等效集中负荷，则有

$$\Delta U=\sqrt{3}I(R_0\cos\varphi_2+X_0\sin\varphi_2)\left(L_1+\frac{L_2}{2}\right) \qquad (6\text{-}20)$$

本章小结

电力线路的接线方式是指由电源端（变配电所）向负荷端（电能用户或用电设备）输送电能时采用的网络形式。电力线路有放射式、树干式和环式等基本接线方式。

电力线路按结构形式分有架空线路、电缆线路和车间线路等三类。

导线和电缆截面的选择不仅要满足发热条件和电压损失条件，而且要符合经济电流密度和机械强度的要求。

习题 6

1. 低压供配电系统常采用哪几种接线方式？

2. 在高压供电系统中，哪种场合适合采用架空线路？哪种场合适合采用电缆线路？

3. LGJ-50 表示什么导线？50 代表什么？

4. 什么是架空线路的挡距？什么叫弧垂？为什么弧垂不宜过大或过小？

5. 导线和电缆截面的选择应考虑哪些条件？

6. 怎样选择三相四线制低压动力线路的中性线截面？

7. 什么是经济截面？在什么情况下线路导线或电缆要按经济电流密度选择？

8. 某 10kV 架空线路的 I_{30}=80A，已知当地环境温度为+35℃。试按发热条件选择该架空线路的截面，并按电压损失及机械强度校验。

9. 求如图 6-19 所示的 10kV 架空线路的电压损失 ΔU 及 $\Delta U\%$。该线路采用 LGJ-50 型钢芯铝绞线，已知 LGJ-50 型钢芯铝绞线 $R_0=0.65\Omega/\mathrm{km}$，$X_0=0.353\Omega/\mathrm{km}$。

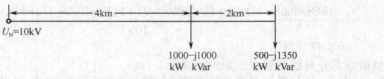

图 6-19　题 9 图

第 7 章　供配电系统的继电保护

继电保护的作用是防止因短路故障或异常运行状态造成电气设备的损坏，保证供电可靠性。继电保护是变电所二次回路的重要组成部分，也是供配电设计的主要内容。

7.1　继电保护基本知识

7.1.1　继电保护的作用

供配电系统在正常运行时，由于种种原因可能会发生各种故障或出现异常运行状态。故障可能导致严重后果，如短路故障烧毁或损坏电气设备，造成大面积停电，甚至影响电力系统的稳定性，引起系统振荡或解列。因此，必须采取各种有效措施消除或减少故障的发生。系统发生故障时，应迅速切除故障设备，恢复正常运行；当出现异常运行状态时，应及时处理。继电保护装置是能反映供配电系统中电气设备发生故障或异常运行状态，并能使断路器跳闸或启动信号装置发出预告信号的一种自动装置。继电保护的作用包括以下几个方面。

（1）自动地、迅速地、有选择性地将故障设备从供配电系统中切除，使其他非故障部分迅速恢复正常供电。

（2）正确反映电气设备的异常运行状态，发出预警信号，以便工作人员采取措施，恢复电气设备的正常运行。

（3）与供配电系统的自动装置（如自动重合闸装置、备用电源自动投入装置等）配合，提高供配电系统的供电可靠性。

因此，继电保护装置是保证供配电系统安全、可靠运行不可或缺的重要设备，必须对继电保护的配置统筹考虑，优先选用具有成熟运行经验的微机保护装置，应逐步对原有不能满足技术和运行要求的继电保护装置进行改造。

7.1.2　对继电保护的要求

根据继电保护装置的作用，继电保护装置应满足可靠性、选择性、速动性和灵敏性的要求。

（1）可靠性。可靠性是指继电保护在其保护范围内，发生故障或异常运行状态时应迅速动作，不应拒绝动作；发生任何保护不应动作的故障或正常运行状态时不动作，不应误动作。

为保证可靠性，宜选用性能满足要求、原理尽可能简单的保护方案，应采用由可靠的硬件和软件构成的装置，并应具有必要的自动检测、闭锁等措施，以便进行整定、调试和维护。

（2）选择性。选择性是指线路发生故障时，首先由故障设备或线路本身的保护装置动作，切除故障，使停电范围最小，保证系统中无故障部分仍正常工作。当故障设备或线路本身的保护或断路器拒绝动作时，才允许由相邻设备、线路的保护切除故障。

（3）速动性。速动性是指发生故障时，保护装置应尽快地切除故障，其目的是减轻故障设备或线路的损坏程度，缩小故障影响范围，提高电力系统的稳定性。

（4）灵敏性。灵敏性是指在设备或线路的被保护范围内发生故障时，保护装置具有的正确工作能力的裕度。在继电保护的保护范围内，不论系统的运行方式、故障的性质和故障的位置如何，保护都应正确动作。继电保护的灵敏性一般以灵敏度 K_s 来衡量，灵敏度越高，反应故障的能力越强。

对过电流保护装置而言，其灵敏度的定义为

$$K_s = \frac{I_{k\cdot min}}{I_{op\cdot 1}} \tag{7-1}$$

式中，$I_{k\cdot min}$ 为系统在最小运行方式下，在保护区末端发生短路时最小的短路电流；$I_{op\cdot 1}$ 为保护装置的一次侧（主电路）动作电流。

以上 4 项要求对于具体的保护装置来说，视情况不同往往有所侧重。

7.2 常用的保护继电器

7.2.1 电磁式电流继电器

电磁式电流继电器在继电保护装置中作为启动元件。

1. 内部结构

DL-10 系列电磁式电流继电器内部结构如图 7-1 所示。

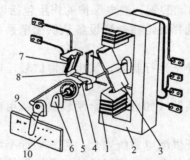

注：1—线圈；2—电磁铁；3—钢舌片；4—轴；5—反作用力弹簧；6—轴承；7—静触点；

8—动触点；9—调节转杆；10—标度盘（铭盘）

图 7-1 DL-10 系列电磁式电流继电器内部结构

2. 动作电流、返回电流及返回系数

当继电器线圈通过电流时，电磁铁中产生磁通，使 Z 形衔铁（钢舌片）向磁极偏转，而轴上的反作用力弹簧则阻止衔铁偏转。当继电器线圈中的电流增大到使衔铁所受转矩大于弹簧的反作用力矩时，衔铁被吸近磁极，使常开触点闭合，此时称为继电器的动作。能使电流继电器动作的最小电流称为电流继电器的动作电流，用 $I_{op\cdot KA}$ 表示。

继电器动作后，当线圈中电流减小到一定数值时，衔铁由于电磁力矩小于弹簧的反作用力矩而返回起始位置，常开触点打开，此时称为继电器返回。能使电流继电器由动作状态返回到起始位置的最大电流，称为电流继电器的返回电流，用 $I_{re\cdot KA}$ 表示。继电器的返回电流与动作电流之比称为电流继电器的返回系数，用 K_{re} 表示，即

$$K_{re} = I_{re\cdot KA} / I_{op\cdot KA} \tag{7-2}$$

3．动作电流的调节

有两种调节继电器动作电流的方法：一种是粗调，即改变两个线圈的连接方式（串联或并联），线圈并联时的动作电流比线圈串联时的动作电流增大一倍；另一种是细调，即转动调节转杆，改变弹簧的反作用力矩。

电流继电器的图形符号和文字符号如图7-2所示。

常用的电磁式电流继电器的主要技术参数见附表19。

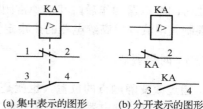

(a) 集中表示的图形　　(b) 分开表示的图形

图7-2　电流继电器的图形符号和文字符号

7.2.2　电磁式时间继电器

电磁式时间继电器在继电保护和自动装置中作为时限元件，用来建立必需的动作时限。

1．内部结构

DS-100/120系列电磁式时间继电器的内部结构如图7-3所示，它是由一个电磁启动机构带动一个钟表结构组合而成的。

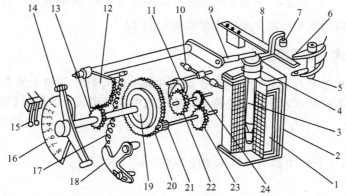

注：1—线圈；2—电磁铁；3—可动铁芯；4—返回弹簧；5、6—瞬时静触点；7—绝缘件；8—瞬时动触点；9—压杠；

10—平衡锤；11—摆动卡板；12—扇形齿轮；13—传动齿轮；14—主动触点；15—主静触点；16—标度盘；

17—拉引弹簧；18—弹簧拉力调节器；19—摩擦离合器；20—主齿轮；21—小齿轮；

22—掣轮；23、24—钟表机构传动齿轮

图7-3　DS-100/120系列电磁式时间继电器的内部结构

2．动作原理

在继电器线圈中加上动作电压后，可动铁芯瞬时被吸入电磁线圈中，扇形齿轮的压杆被释放，在拉引弹簧的作用下使扇形齿轮按顺时针方向转动，并带动传动齿轮，经摩擦离合器使同轴的主齿轮转动，并传动钟表机构。因钟表机构中摆动卡板和平衡锤的作用，使主动触点匀速运动，经过一定时间后与主静触点相接触，完成了电磁式时间继电器的动作过程。当加在线圈上的电压消失后，在返回弹簧的作用下，衔铁被顶回到原来的位置，同时扇形齿轮的压杆也立即被顶回原处，使扇形齿轮复原。因为返回时主动触点轴是顺时针方向转动的，所以摩擦离合器与主齿轮脱开，这时钟表结构不参加工作，故返回过程是瞬时完成的。

为了减小电磁式时间继电器的尺寸，它的线圈一般不按长期通过电流来设计。因此，当需要长期（大于 30s）加电压时，必须在电磁式时间继电器线圈中串联一个附加电阻。在电磁式时间继电器线圈上没有加电压时，电阻被电磁式继电器下面的瞬动常闭触点短接。将动作电压加到电磁式时间继电器线圈上的最初瞬间，全部电压加到电磁式时间继电器的线圈上，但一旦电磁式时间继电器动作后，其瞬动常闭触点断开，并将电阻串联接入电磁式时间继电器线圈，进而限制其电流，提高继电器的热稳定性。

3．时限调节

通过改变静触点的位置（也就是改变动触点的行程）可以调整电磁式时间继电器的动作时间。电磁式时间继电器的图形符号和文字符号如图 7-4 所示。

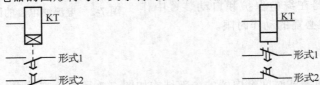

(a) 电磁式时间继电器的缓吸线圈及延时闭合触点　　　(b) 电磁式时间继电器的缓放线圈及延时断开触点

图 7-4　电磁式时间继电器的图形符号和文字符号

常用的电磁式时间继电器的主要技术参数见附表 20。

7.2.3　电磁式中间继电器

电磁式中间继电器的作用是在继电保护装置中增加触点数量和增大触点容量，所以这类继电器具有触点数很多和触点容量较大的特点。电磁式中间继电器一般用于保护装置的出口处。

1．内部结构

DZ 系列电磁式中间继电器内部结构如图 7-5 所示。

2．动作原理

当电压加在线圈上时，衔铁被电磁铁吸向闭合位置，并带动触点转换，即常开触点闭合，常闭触点断开。当断开电源时，衔铁被快速释放，触点全部返回到起始位置。

电磁式中间继电器的图形符号和文字符号如图 7-6 所示。

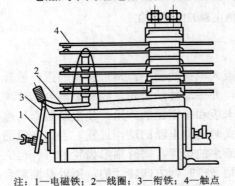

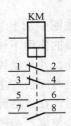

注：1—电磁铁；2—线圈；3—衔铁；4—触点

图 7-5　DZ 系列电磁式中间继电器内部结构　　　图 7-6　电磁式中间继电器的图形符号和文字符号

常用的电磁式中间继电器的主要技术参数参见附表21。

7.2.4 电磁式信号继电器

电磁式信号继电器在继电保护和自动装置中的作用是信号指示。

1．内部结构

DX-11 型电磁式信号继电器的内部结构如图 7-7 所示。

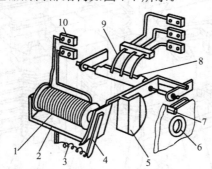

注：1—线圈；2—电磁铁；3—弹簧；4—衔铁；5—信号牌；6—玻璃窗孔；7—复位旋钮；
8—动触点；9—静触点；10—接线端子

图 7-7　DX-11 型电磁式信号继电器的内部结构

2．动作原理

在正常情况下，继电器线圈中没有电流通过，衔铁被弹簧拉住，信号牌被衔铁的边缘支撑着并保持在水平位置。当线圈中有电流流过时，电磁力吸引衔铁而释放信号牌。信号牌由于自重而下落，并且停留在垂直位置（机械自保持）。这时在继电器外壳上面的玻璃孔上可以看到带有颜色的信号标志。在信号牌下落时，固定信号牌的轴同时转动 90°，固定在该轴上的动触点与静触点接通，使灯光或音响信号回路接通。复位时，转动复位旋钮，由复位旋钮再次把信号牌抬到水平位置，让衔铁将其支撑住，并保持在这个位置上，准备下一次动作。

电磁式信号继电器的图形符号和文字符号，如图 7-8 所示。

常用的电磁式信号继电器的主要技术参数见附表 22。

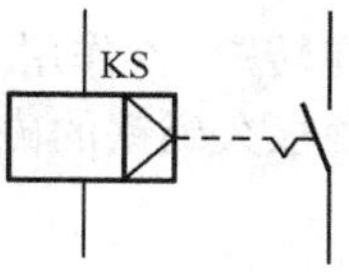

7.2.5 感应式电流继电器

在供配电系统反时限过电流保护中，常用的是 GL-10/20 系列感应式电流继电器。

图 7-8　电磁式信号继电器的图形符号和文字符号

1．内部结构

感应式电流继电器由感应系统和电磁系统两部分组成，其中感应系统可实现反时限过电流保护；电磁系统可实现瞬时动作的过电流保护。GL-10/20 系列感应式电流继电器内部结构如图 7-9 所示。

感应系统主要由带有短路环的电磁铁和铝盘组成。铝盘的另一侧装有制动永久磁铁，铝盘的转轴放在活动框架的轴承内，活动框架可绕轴转动一个小角度，正常未启动时，活动框架被调节弹簧拉向止挡的位置。

电磁系统由装在电磁铁上侧的衔铁等部分组成。衔铁左端有扁杆，它可以瞬时闭合触点。正常工作时，由于衔铁左端重于右端而偏落于左边位置，因此常开触点不闭合。

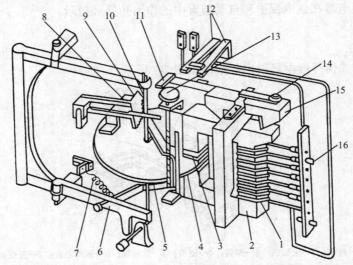

注：1—线圈；2—电磁铁；3—短路环；4—铝盘；5—钢片；6—活动框架；7—调节弹簧；8—制动永久磁铁；9—扇形齿轮；
10—蜗杆；11—扁杆；12—触点；13—时限调节螺杆；14—速断电流调节螺钉；15—衔铁；16—动作电流调节插销

图 7-9　GL-10/20 系列感应式电流继电器内部结构

2．动作原理

（1）铝盘转动的原理。当线圈中有电流 I_{KA} 流过时，电磁铁在短路环的作用下，产生相位一前一后的两个磁通 φ_1 和 φ_2，然后穿过铝盘。这时作用于铝盘上的转矩为

$$M_1 \propto \varphi_1 \varphi_2 \sin\varphi \qquad (7\text{-}3)$$

式中，φ 为 φ_1 和 φ_2 间的相位差。

由于 $\varphi_1 \propto I_{KA}$，$\varphi_2 \propto I_{KA}$，而 φ 为常数，因此

$$M_1 \propto I_{KA}^2 \qquad (7\text{-}4)$$

铝盘在转矩 M_1 作用下转动后，其切割制动永久磁铁的磁力线而在自己内部感生涡流，该涡流又与制动永久磁铁的磁通相作用，产生一个与 M_1 反向的制动力矩 M_2。它与铝盘转速 n 成正比，即

$$M_2 \propto n \qquad (7\text{-}5)$$

若铝盘转速 n 增大到一定值，则有 $M_1 = M_2$，这时铝盘匀速转动。

（2）框架动作的原理。感应式电流继电器的铝盘在上述转距 M_1 和制动力距 M_2 共同作用下，其受到一个向外的合力，有使框架绕轴顺时针方向偏转的趋势，但它受到调节弹簧的阻力，如图 7-10 所示。

当流入感应式电流继电器线圈电流增大到与感应式电流继电器感应系统的动作电流 $I_{op\text{-}KA}$ 相等时，铝盘受到的推力也增大到足以克服弹簧的阻力，从而使铝盘带动框架向前偏转，使蜗杆与扇形齿轮啮合。

（3）感应系统动作电流。蜗杆与扇形齿轮啮合时的动作称为继电器的感应系统动作（此时常开触点没有闭合），其动作过程中产生的电流是感应系统动作电流。

（4）感应系统动作（常开触点闭合）。由于铝盘继续转动，使扇形齿轮沿着蜗杆上升，经过一定时间后，扇形齿轮的杆臂碰到衔铁左边的突柄，突柄随即上升，使衔铁沿轴旋转，减小电磁铁的铁芯与衔铁右边间隙，当空气气隙减小到某个数值时，衔铁的右边吸向电磁铁的铁芯，此时薄片和衔铁的左边一同上升而使触点闭合。同时使信号牌（图7-9中未画出）掉下，从观察孔可以看到其红色或白色的信号牌指示，表示感应式电流继电器感应系统已经动作。

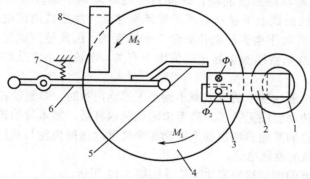

注：1—线圈；2—电磁铁；3—短路环；4—铝盘；5—钢片；6—铝框；7—调节弹簧；8—制动永久磁铁

图 7-10　GL-10 系列感应式电流继电器转矩示意图

（5）感应系统的反时限特性。感应式电流继电器线圈中的电流越大，铝盘转得越快，扇形齿轮沿蜗杆上升的速度也越快，因此动作时间也越短，这就是感应式电流继电器的反时限特性，如图 7-11 所示曲线 abc 的 ab 段，该动作的特性是由感应系统产生的。

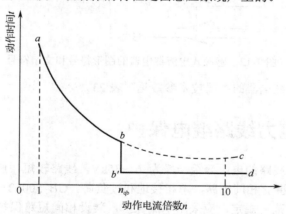

注：abc —感应元件的反时限特性；$bb'd$ —电磁元件的速断特性

图 7-11　感应式电流继电器的动作特性曲线

（6）电磁系统动作。当感应式电流继电器线圈电流增大到与整定的速断电流 I_{qb} 相等时，电磁铁瞬时将衔铁吸下，使触点切换，动作时间约为 0.05～0.1s，同时使信号牌掉下。

（7）电磁系统的速断特性与速断电流倍数。显然电磁系统的作用又使感应式电流继电器具有速断特性，如图 7-11 所示的 $bb'd$ 折线。将动作特性曲线上对应的开始速断时间的动作电流倍数称为速断电流倍数，即

$$n_{qb} = I_{qb \cdot KA} / I_{op \cdot KA} \tag{7-6}$$

3．动作电流与动作时间的调节

GL-10 系列感应式电流继电器的速断电流倍数 $n_{qb} = 2 \sim 8$，该倍数在速断电流调节螺钉上标度。对于 GL-10 系列感应式电流继电器的动作电流 I_{op} 的整定，可利用动作电流调节插销来改变线圈匝数，进而达到动作电流的进级调节，也可以利用调节弹簧的拉力来进行平滑的细调。感应式电流继电器的速断电流倍数 n_{qb} 可通过改变速断电流调节螺钉改变衔铁与电磁铁之间的气隙大小来调节。

感应式电流继电器感应系统的动作时间是利用时限调节螺杆来改变扇形齿轮顶杆行程起点的，以使动作特性曲线上下移动。不过要特别注意，感应式电流继电器动作时限调节螺杆的标度尺是以"10 倍动作电流的动作时限"来标度的。因此感应式电流继电器实际动作时间与通过感应式电流继电器线圈实际电流的大小有关，电流大小需从相应的动作特性曲线上查得。

当感应式电流继电器线圈中的电流减小到小于返回电流时，弹簧便拉回框架，这时扇形齿轮的位置与铝盘是否转动已经无关了，扇形齿轮脱离蜗杆后，靠本身的重量下跌到原来起始位置，感应式电流继电器的其他机构也都返回到原来位置。扇形齿轮与蜗杆离开时线圈中的电流称为感应式电流继电器的返回电流。

感应式电流继电器的图形符号和文字符号如图 7-12 所示。

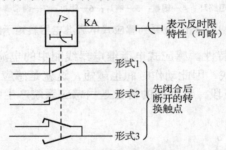

图 7-12　感应式电流继电器的图形符号和文字符号

常用的感应式电流继电器的主要技术参数见附表 23。

7.3　高压电力线路继电保护

用户内部高压电力线路的电压等级一般为 6～35kV，线路较短，通常为单端供电，常见的故障和异常运行状态主要有相间短路、单相接地和过负荷。GB 50062—2008《电力装置的继电保护和自动装置设计规范》规定，应采用电流保护，装设相间短路保护、单相接地保护和过负荷保护。本节只讲述最常用的定时限过电流保护和电流速断保护。

7.3.1　过电流保护

1．定时限过电流保护

定时限过电流保护是指保护装置的动作时间固定不变且与故障电流的大小无关的一种保护。

（1）原理接线图。线路的定时限过电流保护的原理接线图，如图 7-13 所示。该接线图主要由检测元件的电流互感器、启动元件的电流继电器、时限元件的时间继电器、信号元件的信号继电器和出口元件的中间继电器等组成。

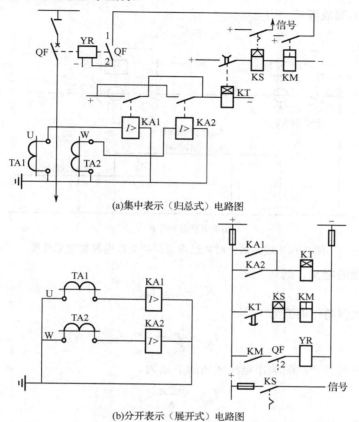

(a)集中表示（归总式）电路图

(b)分开表示（展开式）电路图

注：QF—断路器；KA1/2—电流继电器；KS—信号继电器；KT—时间继电器；KM—中间继电器；

TA—电流互感器；YR—跳闸线圈；$QF_{1,2}$—断路器辅助触头

图 7-13　线路的定时限过电流保护的原理接线图

（2）工作原理。当一次回路发生相间短路时，短路电流流过电流互感器的一次侧，其二次侧电流成比例增大，该电流使电流继电器 KA1 或 KA2 至少有一个瞬时动作，常开触点闭合，启动时间继电器 KT。KT 经延时后，其延时触点闭合，接通信号继电器 KS 和中间继电器 KM。KM 动作后，其常开触点接通跳闸线圈 YR，使断路器 QF 跳闸，切除短路故障。与此同时，KS 动作，常开触点接通信号回路，发出声、光指示信号。断路器 QF 跳闸时，其辅助触头 $QF_{1,2}$ 随之断开跳闸回路，以减轻中间继电器触点和跳闸线圈的负担。在短路故障被切除后，KS 需要手动复位，而其他各继电器均自动返回到初始状态。

（3）动作电流整定。如图 7-14(a)所示，对于定时限过电流保护装置而言，它所保护的线路 WL1 在什么情况下有最大负荷电流流过，而在此电流下，保护装置 1 是否动作。如果在线路 WL2 故障被切除后，母线电压恢复，所有接到母线上的设备启动，在线路 WL1 上必然会出现最大负荷电流，此时要求保护装置 1 不应该动作。

若线路 WL1 的最大负荷电流小于保护装置 1 的返回电流，则保护装置 1 就不会动作。即

$$I_{\text{re-1}} > I_{\text{L·max}} \tag{7-7}$$

式中，$I_{re\cdot1}$ 为定时限保护装置 1 的返回电流（一次侧电流）；$I_{L\cdot max}$ 为被保护线路 WL1 的最大负荷电流。

若将式（7-7）写成等式，则有

$$I_{re\cdot1} = K_{rel} \cdot I_{L\cdot max}$$

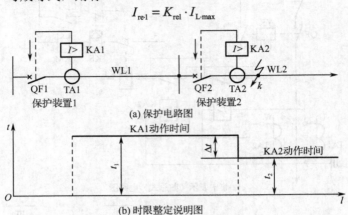

(a) 保护电路图

(b) 时限整定说明图

图 7-14　线路的定时限过电流保护动作电流整定原理图

若按返回系数的定义，则有

$$K_{re} = I_{re\cdot1} / I_{op\cdot1}$$

所以保护装置一次侧动作电流为

$$I_{op\cdot1} = \frac{I_{re\cdot1}}{K_{re}} = \frac{K_{rel}}{K_{re}} \cdot I_{L\cdot max} \qquad (7\text{-}8)$$

而继电器的动作电流与一次侧动作电流之间的关系为

$$I_{op\cdot KA} = \frac{K_w}{K_i} \cdot I_{op\cdot1}$$

所以继电器的动作电流为

$$I_{op\cdot KA} = I_{op\cdot1} \cdot \frac{K_w}{K_i} = \frac{K_w \cdot K_{rel}}{K_{re} \cdot K_i} \cdot I_{L\cdot max} \qquad (7\text{-}9)$$

式中，K_{rel} 为可靠系数，对于 DL 型继电器，K_{rel} 取 1.2；$K_w = I_{KA}/I_2$ 为接线系数，I_{KA} 为流入继电器的电流，I_2 为电流互感器二次绕组的电流；K_{re} 为返回系数，对于 DL 型继电器，K_{re} 取 0.85；K_i 为电流互感器变比；$I_{L\cdot max}$ 为被保护线路的最大负荷电流，当无法确定时，$I_{L\cdot max}$ 取 $(1.5\sim3)I_{30}$。

（4）动作时限整定。如图 7-14(b)所示，当线路 WL2 上 k 点发生短路故障时，短路电流流经保护装置 1、2，均能使各保护装置的继电器启动。而按照选择性要求，只需保护装置 2 动作，使 QF2 跳闸。故障切除后，保护装置 1 应复位，为了达到这一目的，各保护装置的动作时限应满足 $t_1 > t_2$。因此可以看出，离电源近的上一级保护的动作时限比离电源远的下一级保护的动作时限要长，即

$$t_n = t_{n+1} + \Delta t \qquad (7\text{-}10)$$

式中，Δt 为时限级差，定时限保护为 0.5s。

（5）灵敏度校验。定时限过电流灵敏度校验原则是：系统在最小运行方式下，对被保护线路末端发生两相短路的短路电流进行校验，即

$$K_s = \frac{I_{k\cdot min}^{(2)}}{I_{op\cdot1}} \geqslant 1.25 \sim 1.5 \qquad (7\text{-}11)$$

式中，K_s 为灵敏度，作为主保护时，要求 $K_s \geq 1.5$；作为后备保护时，要求 $K_s \geq 1.25$。$I_{k \cdot min}^{(2)}$ 为系统在最小运行方式下，被保护线路末端发生两相短路的短路电流；$I_{op \cdot 1}$ 为保护装置的一次侧动作电流。

2. 反时限过电流保护

反时限过电流保护装置的动作时限与故障电流的大小成反比。在同一条线路上，当靠近电源侧的始端发生短路时，其短路电流大，且动作时限短；反之当末端发生短路时，其短路电流小，且动作时限较长。

图 7-15 为线路反时限过电流保护原理接线图，KA1、KA2 为 GL 型感应式电流继电器，由于该继电器本身动作有时限，并有动作指示掉牌信号，因此该保护装置不需要接时间继电器和信号继电器。

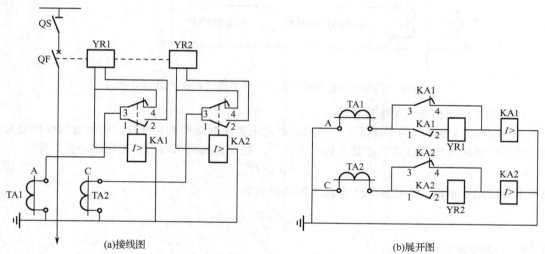

(a)接线图　　　　　　　　　　　(b)展开图

注：QF—断路器；QS—隔离开关；TA1、TA2—电流互感器；KA1、KA2—GL 型感应式电流继电器；YR1、YR2—跳闸线圈

图 7-15　线路反时限过电流保护原理接线图

当线路发生短路故障时，KA1、KA2 动作，经过一定时间后，其常开触点闭合，常闭触点断开，断路器 QF 交流操作和跳闸线圈 YR1、YR2 通电，断路器 QF 跳闸，切除故障部分。在继电器去分流的同时，其信号牌自动掉下，指示保护装置已经动作。当故障切除后，KA1、KA2 返回，但其信号牌却需手动复位。

关于反时限过电流保护的整定计算，可参考其他书籍，这里就不再赘述了。

7.3.2　电流速断保护

对单侧电源来说，越靠近电源的电路，其短路电流越大，且动作时限也越长。当定时限的过电流保护的动作时限大于 0.7s 时还应装设电流速断保护，作为快速动作的主保护。

（1）原理接线图。线路的定时限过电流保护和电流速断保护原理接线图如图 7-16 所示。其中，KA1、KA2、KT、KS1 和 KM 是定时限过电流保护元件，KA3、KA4、KS2 和 KM 是电流速断保护元件。

（2）工作原理。当一次回路在速断保护区发生相间短路时，反映到电流互感器的二次侧电流使至少有一个电流继电器（KA3、KA4）瞬时动作，常开触点闭合，直接接通信号继电器 KS2

和中间继电器 KM。KM 动作后，其常开触点接通跳闸线圈 YR，使断路器 QF 跳闸，切除短路故障。与此同时，KS2 动作，接通速断信号回路。

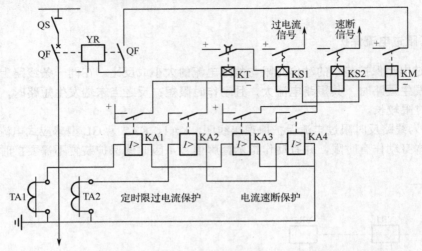

图 7-16　线路的定时限过电流保护和电流速断保护原理接线图

（3）动作电流整定及灵敏度校验。

① 动作电流整定。为了保证上、下两级瞬动电流速断保护的选择性，电流速断保护装置一次侧的动作电流应该躲过系统在最大运行方式下，被保护线路末端的三相短路电流，即

$$I_{\text{qb·l}} = K_{\text{rel}} \cdot I_{\text{k·max}}^{(3)} \tag{7-12}$$

而继电器的动作电流与一次侧动作电流之间的关系为

$$I_{\text{qb·KA}} = \frac{K_{\text{w}}}{K_{\text{i}}} \cdot I_{\text{qb·l}}$$

所以继电器的动作电流为

$$I_{\text{qb·KA}} = \frac{K_{\text{rel}} \cdot K_{\text{w}}}{K_{\text{i}}} \cdot I_{\text{k·max}}^{(3)} \tag{7-13}$$

式中，K_{rel} 为可靠系数，对于 DL 型继电器，K_{rel} 取 $1.2 \sim 1.3$，对于 GL 型继电器，K_{rel} 取 $1.4 \sim 1.5$；$I_{\text{qb·KA}}$ 为电流速断保护的继电器动作电流；$I_{\text{k·max}}^{(3)}$ 为系统在最大运行方式下，被保护线路末端的三相短路电流。

② 灵敏度校验。电流速断保护的灵敏度校验原则是：系统在最小运行方式下，对被保护线路首端（保护装置安装处）发生两相短路的短路电流进行校验，即

$$K_{\text{s}} = \frac{I_{\text{k·min}}^{(2)}}{I_{\text{qb·l}}} \geqslant 1.5 \sim 2 \tag{7-14}$$

式中，K_{s} 为灵敏度；$I_{\text{k·min}}^{(2)}$ 为系统在最小运行方式下，被保护线路首端的两相短路电流。

（4）电流速断保护的"死区"及其弥补。为了满足选择性，电流速断保护的动作电流整定值较大，因此电流速断保护是不能保护全部线路的，也就是说存在不动作区（一般称为"死区"）。

为了弥补这一缺陷，应将电流速断保护装置与定时限保护装置配合使用。在电流速断的保护区内，将电流速断保护作为主保护，过电流保护作为后备保护；而在电流速断保护的死区内，过电流保护为基本保护。

【例 7-1】　如图 7-17 所示为某 35kV 线路，已知线路 WL1 的最大负荷为 255A，线路 WL1

上的电流互感器 TA1 的变比为 300/5，线路 WL2 上定时限过电流保护的动作时限为 1.0s，其他相关数据如表 7-1 所示。在线路 WL1 上应装设哪几种保护？试计算各保护的动作电流、动作时限，并进行灵敏度校验。

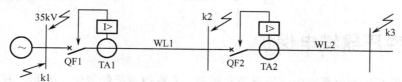

图 7-17 由国家电网供电的 35kV 放射式线路

表 7-1 例 7-1 中的相关数据

短 路 电 流	短 路 点		
	k1	k2	k3
最大运行方式下三相短路电流 $I_{k \cdot max}^{(3)}$ /A	3500	924	500
最小运行方式下三相短路电流 $I_{k \cdot min}^{(3)}$ /A	2750	1000	530

解 （1）在线路 WL1 上应装设两相两继电器接线方式的定时限过电流保护和电流速断保护。

（2）WL1 线路的定时限保护。保护装置的一次侧动作电流可按式（7-8）求得，即

$$I_{op \cdot 1} = \frac{K_{rel}}{K_{re}} \cdot I_{L \cdot max} = \frac{1.2}{0.85} \times 255 = 360A$$

继电器的动作电流可按式（7-9）求得，即

$$I_{op \cdot KA} = I_{op \cdot 1} \cdot \frac{K_w}{K_i} = \frac{1}{300/5} \times 360 = 6A$$

故可选取电流整定范围为 2.5～10A 的 DL 型电流继电器，并将电流整定为 6A。

此时，$I_{op \cdot 1} = 300/5 \times 6 = 360A$。

动作时限可按式（7-10）求得，即

$$t_1 = t_2 + \Delta t = 1.0 + 0.5 = 1.5s$$

故可选取时间整定范围为 1.2～5s 的 DS 型时间继电器，并将时间整定为 1.5s。

（3）灵敏度校验。

① WL1 作为主保护时，按式（7-11）计算，即

$$K_s = \frac{I_{k \cdot min}^{(2)}}{I_{op \cdot 1}} = \frac{\sqrt{3}}{2} \times \frac{1000}{360} = 2.41 \geqslant 1.5$$

② WL1 作为后备保护时，按式（7-11）计算，即

$$K_s = \frac{I_{k \cdot min}^{(2)}}{I_{op \cdot 1}} = \frac{\sqrt{3}}{2} \times \frac{530}{360} = 1.27 \geqslant 1.25$$

由此可见，WL1 作为主保护和后备保护时均满足灵敏度要求。

（4）WL1 线路的电流速断保护。保护装置的一次侧动作电流可按式（7-12）求得，即

$$I_{qb \cdot 1} = K_{rel} \cdot I_{k \cdot max}^{(3)} = 1.3 \times 924 = 1201.2A$$

继电器的动作电流可按式（7-13）求得，即

$$I_{qb \cdot KA} = \frac{K_{rel} \cdot K_w}{K_i} \cdot I_{k \cdot max}^{(3)} = \frac{1.3 \times 1}{300/5} \times 1201.2 = 26A$$

故可选取电流整定范围为 12.5～50A 的 DL 型电流继电器，并将电流整定为 26A。

灵敏度校验可按式（7-14）进行，即

$$K_s = \frac{I_{k \cdot min}^{(2)}}{I_{qb \cdot 1}} = \frac{\sqrt{3}}{2} \times \frac{2750}{1201.2} = 1.98 \geqslant 1.5 \sim 2$$

7.4 变压器继电保护

电力变压器在供配电系统中应用得非常普遍，具有很重要的地位。因此，提高变压器工作的可靠性，对保证供配电系统安全、稳定地运行具有十分重要的意义。

7.4.1 变压器故障类型

变压器的故障可分为内部故障和外部故障两大类。内部故障主要有相间短路、绕组的匝间短路和单相接地短路。发生内部故障是很危险的，因为短路电流产生的电弧不仅会破坏绕组的绝缘性、烧毁铁芯，而且绝缘材料和变压器油受热分解会产生大量气体，还可能引起变压器油箱爆炸。变压器最常见的外部故障是引出线上绝缘套管的故障，可能导致引出线的相间短路和接地（对变压器外壳）短路。

变压器的不正常工作状态主要有由于外部短路和过负荷引起过电流、油面的极度降低和温度升高等。

7.4.2 变压器保护配置

为了保证电力系统安全可靠地运行，针对变压器的上述故障和不正常工作状态，电力变压器应装设以下保护（见表 7-2）。

表 7-2 变压器保护装置的配置

保护名称	配置原则
瓦斯保护	防止变压器油箱内部故障和油面降低的瓦斯保护，常用于保护容量在 800kV·A 及以上（车间内变压器容量在 400kV·A 及以上）的油浸式变压器
过电流保护	变压器的容量无论大小都应该装设过电流保护。400kV·A 以下的变压器多采用高压熔断器保护，400kV·A 及以上的变压器高压侧装有高压断路器时，应装设带时限的过电流保护装置
差动保护	差动保护可以防止变压器绕组内部以及两侧绝缘套管和引出线上所出现的各种短路故障。短路故障包括变压器从一次进线到二次出线之间的各种相间短路、绕组匝间短路、中性点直接接地系统的电网侧绕组和引出线的接地短路等。差动保护属于瞬时动作的主保护，该保护可以单独运行的容量在 10000kV·A 及以上（并联运行时，容量在 6300kV·A 及以上的变压器）或者容量在 2000kV·A 以上装设电流速断保护灵敏度不合格的变压器上
电流速断保护	对于车间变压器来说，过电流保护可作为主保护。若过电流保护的时限超过 0.5s，而且容量不超过 8000kV·A，则应装设电流速断保护作为主保护，而过电流保护作为电流速断保护的后备保护
过负荷保护	防止变压器对称过负荷的过负荷保护多装在 400kV·A 以上并联运行的变压器上，对单台运行易于发生过载的变压器也应装设过负荷保护。变压器的过负荷保护通常只动作于信号

7.4.3 瓦斯保护

瓦斯保护是一种非电量保护，它是以气体继电器（也叫瓦斯继电器）为核心元件的保护装置。

1. 瓦斯继电器的安装

当变压器油箱内部发生短路故障时，箱内绝缘材料和绝缘油在高温电弧的作用下分解出气体。若故障轻微（如匝间短路），则产生的气体上升较慢；若故障严重（如相间短路），则迅速产生大量气体，同时产生很大的压力，使油向油枕中急速冲击。这时需要在油枕和变压器油箱之间的连通管上装设反应气体保护的瓦斯继电器，如图7-18所示。

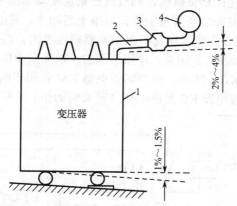

注：1—变压器油箱；2—连通管；3—瓦斯继电器；4—油枕

图 7-18 瓦斯继电器在变压器上的安装示意图

2. 瓦斯继电器的结构和工作原理

图 7-19 为 FJ3-80 型瓦斯继电器的结构示意图。

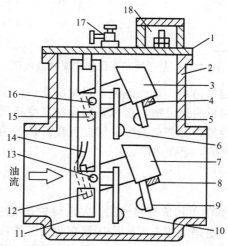

注：1—盖；2—容器；3、7—上、下油杯；4、8—永久磁铁；5、9—上、下动触点；6、10—上、下静触点；
11—支架；14—挡板；15、12—上、下油杯平衡锤；16、13—上、下油杯转轴；17—放气阀；18—接线盒

图 7-19 FJ3-80 型瓦斯继电器的结构示意图

（1）变压器正常。在变压器正常运行时，由于油箱内没有气体产生，瓦斯继电器的上、下油杯中都是充满油的，油杯因平衡锤的作用使上、下触点都是断开的，故瓦斯保护不动作。

（2）轻瓦斯动作。当变压器内部发生轻微故障时（如匝间短路），局部高温作用在绝缘材料

和油上，使其在油箱内产生少量气体，迫使瓦斯继电器油面下降，因上油杯中盛有剩余的油使其力矩大于平衡锤的力矩而下降，进而使瓦斯继电器的轻瓦斯触点（上触点）动作，发出轻瓦斯动作信号，但断路器不会跳闸。

（3）重瓦斯动作。当变压器内部发生严重故障时（如相间短路），瞬间产生大量气体，在变压器油箱和油枕之间的连通管中出现强烈的油流，大量的油气混合体经过瓦斯继电器时，瓦斯继电器的重瓦斯触点动作，使断路器跳闸，同时发出重瓦斯动作信号。

若变压器漏油，油面过度降低也有可能使瓦斯继电器动作，发出预告信号或将断路器跳闸。

（4）原理接线图。图 7-20 为变压器瓦斯保护的原理接线图。当变压器内部发生轻瓦斯故障时，瓦斯继电器 KG 的上触点 KG_{1-2} 闭合，作用于预告（轻瓦斯动作）信号；当变压器内部发生严重故障时，KG 的下触点 KG_{3-4} 闭合，经中间继电器 KM 作用于断路器 QF 的跳闸机构 YR 上使 QF 跳闸。同时通过信号继电器 KS 发出跳闸（重瓦斯动作）信号。

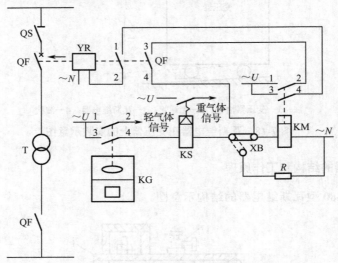

图 7-20　变压器瓦斯保护的原理接线图

瓦斯保护的主要优点是结构简单，动作迅速，灵敏度高，能保护变压器油箱内各种短路故障，特别是对绕组的匝间短路反应最灵敏，所以瓦斯保护是变压器内部故障的主保护；瓦斯保护的缺点是不能反映变压器油箱外部任何故障。因此瓦斯保护需要和其他保护装置（如过电流保护、电流速断保护或差动保护）配合使用。

7.4.4　差动保护

图 7-21 为变压器差动保护的单相原理接线图。差动保护是反应被保护变压器两侧电流的差值而动作的保护，其主要元件是差动继电器。变压器在正常工作或外部故障时，流入差动继电器的电流为不平衡电流，即 $\dot{I}_{KA} = \dot{I}_1 - \dot{I}_2 = I_{dsq}$，在适当选择两侧电流互感器的变比和接线方式的条件下，该不平衡电流的值很小，且小于差动保护的动作电流，故保护装置不动作。在保护范围外发生短路时（如 k1 点短路），尽管 $\dot{I}_1''$ 和 $\dot{I}_2''$ 的数值增大，但二者之差仍近似为零，故保护装置仍不动作。当在保护范围内发生短路时（如 k2 点短路），此时 $\dot{I}_2'' = 0$，故 $\dot{I}_{KA} = \dot{I}_1''$。这时流入差动继电器的电流大于差动保护的动作电流，差动保护瞬时动作，使断路器跳闸。

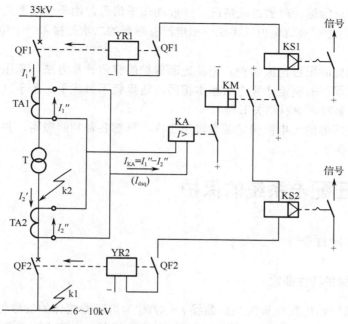

图 7-21　变压器差动保护的单相原理接线图

变压器的差动保护具有保护范围大（上、下两组电流互感器之间），动作迅速，灵敏度高等优点，对于大容量变压器常用它取代电流速断保护。

7.4.5　过电流保护、电流速断保护和过负荷保护

图 7-22 为变压器的过电流保护、电流速断保护和过负荷保护的综合接线原理图。

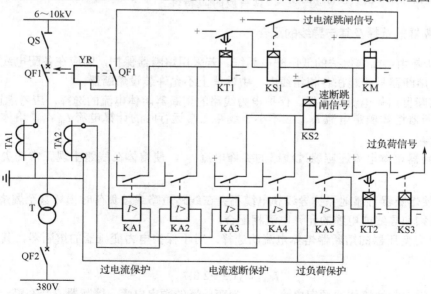

图 7-22　变压器过电流保护、电流速断保护和过负荷保护的综合接线原理图

变压器过电流保护的组成和原理与线路过电流保护的组成和原理完全相同，变压器的电流速断保护的组成和原理与线路电流速断保护的组成和原理也完全相同。对于变压器的过负荷保

护，它反映变压器正常运行时的过载情况，一般动作于信号。由于变压器的过负荷电流大多是三相对称增大的，因此过负荷保护只需在一相电流互感器的二次侧接入一个电流继电器（图 7-22 中的 KA5）即可。

关于变压器的定时限过电流保护、电流速断保护的整定计算方法与高压线路的定时限过电流保护、电流速断保护的整定计算方法基本相同，这里就不赘述了。至于过负荷保护的整定计算也相对简单，需要时可参看相关书籍。

应该指出，变压器的过电流保护装置可防止内、外部各种相间短路，并可以作为瓦斯保护和差动保护的后备保护。

7.5 低压配电系统的保护

7.5.1 熔断器保护

1．熔断器的保护特性曲线

熔体熔断时间和通过其电流的关系曲线 $t = f(I)$ 称为熔断器熔体的安秒特性曲线，如图 7-23 所示。每个熔体都有一个额定电流值，熔体允许长期通过额定电流而不至于熔断。当通过熔体的电流为额定电流的 1.3 倍时，熔体熔断时间约在 1h 以上；当通过熔体的电流为额定电流的 1.6 倍时，熔体熔断时间应在 1h 以内；当通过熔体的电流为额定电流的 2 倍时，熔体几乎瞬间熔断。由此可见，通过熔体的电流与熔体熔断时间具有反时限特性。

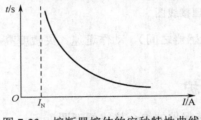

图 7-23　熔断器熔体的安秒特性曲线

2．熔断器的选择及其与导线的配合

图 7-24 是由熔断器保护的低压配电系统。若采用熔断器保护，则应在各配电线路的首端装设熔断器。熔断器只能装在各相相线上，中性线上不允许装设熔断器。

（1）熔断器熔体电流的选择。保护电力线路的熔断器熔体电流的选择，应考虑以下条件。

① 熔断器熔体额定电流 $I_{\text{N·FE}}$ 应不小于线路正常运行时的计算电流 I_{30}，使熔体在最大运行方式不会熔断。

② 熔断器熔体电流还应躲过线路的尖峰电流 I_{pk}，使熔体在线路出现正常的尖峰电流时不会熔断。

③ 为使熔断器可靠地保护导线和电缆不会在线路短路或过负荷时损坏甚至燃烧，熔断器的熔体电流必须和导线或电缆的允许电流相配合。

保护电力变压器的熔断器熔体电流的选择。对于保护电力变压器的熔断器，其熔体电流可按下式选定，即

$$I_{\text{N·FE}} = (1.5 \sim 2.0) I_{\text{N·T}} \tag{7-15}$$

式中，$I_{\text{N·FE}}$ 为熔断器熔体的额定电流；$I_{\text{N·T}}$ 为变压器的额定电流，熔断器安装在哪一侧，就选用哪一侧的额定电流值。

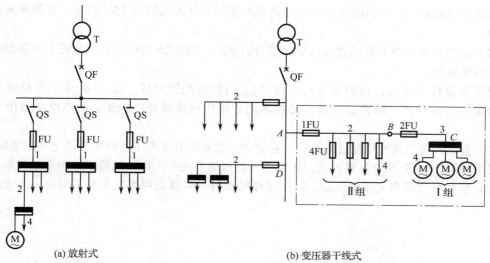

(a) 放射式　　　　　　　　　　(b) 变压器干线式

注：1—干线；2—分干线；3—支干线；4—支线；QF—低压断路器（自动空气开关）

图 7-24　由熔断器保护的低压配电系统

（2）熔断器（熔管或熔体座）的选择。熔断器的选择应满足以下几个条件。

① 熔断器的额定电压应不低于被保护线路的额定电压。

② 熔断器的额定电流应不小于它所安装的熔体的额定电流。

③ 熔断器的类型应符合安装条件及被保护设备的技术要求。

7.5.2　自动开关保护

自动开关也称低压断路器，是一种能自动切断故障的低压保护电器，被广泛应用于低压配电线路的电气装置中。自动开关适用于正常情况下不频繁操作的电路中。自动开关与闸刀开关和熔断器组合比较，其优点是能重复动作，动作电流可按要求整定，选择性好，工作可靠，使用安全，断流能力强。

1. 自动开关在低压配电系统中的主要配置方式

（1）自动开关或带闸刀开关的方式。在低压配电电路中，接自动开关或带闸刀开关的配置图，如图 7-25 所示。

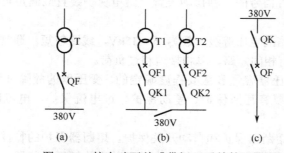

图 7-25　接自动开关或带闸刀开关的配置图

对于变电所只装一台主变压器，且若低压侧与任何电源无联系，则按图 7-25(a)配置；若与其他电源有联系，则按图 7-25(b)配置；对于低压配出线上装设的自动开关，为了保证检修配出线和自动开关的安全，在自动开关的母线侧应加装闸刀开关如图 7-25(c)所示，以隔离来自母线的电源。

（2）自动开关与磁力启动器或接触器配合的方式。图 7-26 为自动开关与磁力启动器或接触器配合的配置图。

对于频繁操作的低压电路宜采用如图 7-26 所示的配置方式。图 7-26 中的自动开关主要用于电路的短路保护，磁力启动器或接触器用于电路频繁操作的控制，而热继电器用于过载保护。

（3）自动开关与熔断器配合的方式。若自动开关的断流能力不足以断开该电路的短路电流，则可采用如图 7-27 所示的配置方式。图 7-27 中的自动开关作为电路的通断控制及过载和失压保护，它只装热脱扣器和失压脱扣器，不装过流脱扣器，并且利用熔断器或刀熔开关来实现短路保护。

图 7-26　自动开关与磁力启动器或接触器配合的配置图　　　图 7-27　自动开关的自复式保护配置图

2．自动开关脱扣器动作电流整定

（1）长延时过电流脱扣器（热脱扣器）动作电流的整定。由于长延时过流脱扣器主要用于线路过负荷保护，因此其动作电流整定值应稍大于该线路的计算负荷电流。

（2）瞬时（或短延时）过电流脱扣器动作电流的整定。瞬时过电流脱扣器的动作电流应按躲过线路的尖峰电流来整定。常用低压断路器的主要技术参数见附表 11。

本章小结

继电保护装置是能反映供配电系统中电气设备发生故障或异常运行状态，并能使断路器跳闸或启动信号装置发出预告信号的一种自动装置。继电保护装置应满足可靠性、选择性、速动性和灵敏性的要求。

用户内部高压电力线路的电压等级一般为 6～35kV，线路较短，通常为单端供电，常见的故障和异常运行状态主要有相间短路、单相接地和过负荷。

变压器保护是根据变压器容量和重要程度确定的。变压器的故障分为内部故障和外部故障两种。变压器的保护主要有瓦斯保护、差动保护、过电流保护、电流速断保护和过负荷保护等。

低压系统中的保护是熔断器保护和自动开关保护。熔断器保护的特性曲线是通过熔体的电流与熔断时间的关系具有反时限特性确定的。自动开关也称低压断路器，是一种能自动切断故障的低压保护电器，适用于正常情况下不频繁操作的电路中。

习题 7

1. 继电保护装置的基本要求是什么？

2. 10kV 供配电系统的继电保护接线方式主要采用哪种接线方式？接线系数是多少？

3. 各级继电保护为什么要有时差？一般上、下级时差是多少？

4. 叙述电流继电器、时间继电器、信号继电器、中间继电器的作用分别是什么？

5. 线路一般装设哪几种保护？电流速断保护及定时限过电流保护的动作电流和动作时限是怎样进行整定的？灵敏度是怎样校验的？

6. 变压器继电保护装设的原则是什么？

7. 变压器的故障类型和不正常工作状态有哪些？

8. 变压器差动保护装设的原则是什么？

9. 变压器瓦斯保护装设的原则是什么？轻瓦斯动作条件和重瓦斯动作条件分别是什么？

10. 变压器的定时限过电流保护和电流速断保护与线路的定时限过电流保护和电流速断保护有什么相同点和不同点？

11. 选择熔断器时应考虑哪些条件？什么是熔体的额定电流？什么是熔断器（熔管）的额定电流？

12. 低压断路器在低压系统中主要有哪些配置方式？

13. 中、小容量（可以认为 5600kV·A 以下）电力变压器通常装设哪些继电保护装置？20000kV·A 及以上容量的变压器通常装设哪些继电保护装置？

14. 某工厂 10kV 供电线路，已知计算负荷电流 I_{30}=180A。系统最大运行方式下线路末端和首端的三相短路电流分别 $I_{k1\max}^{(3)} = 2300A$，$I_{k2\max}^{(3)} = 4600A$；最小运行方式下 $I_{k1\min}^{(3)} = 2210A$，$I_{k2\min}^{(3)} = 4450A$。线路末端配出线定时限过流保护动作时限为 0.6s。试进行整定计算。

15. 某 10kV 线路如图 7-28 所示，已知 TA1 的变比 $K_{i(1)}$=100/5，TA2 的变比 $K_{i(2)}$=50/5A，WL1 和 WL2 的过流保护均采用两相 V 型接线。继电器均采用 GL-15 型，KA1 已整定，其动作电流为 7A。10 倍动作电流的动作时间为 1s，WL2 的计算负荷电流为 28A，WL2 首端 k_1 点三相短路电流为 420A，其末端 k_2 点的三相短路电流为 200A。试整定 KA2 的动作电流和动作时间，并校验其灵敏度。

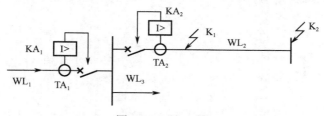

图 7-28　题 15 图

16. 如图 7-28 所示，已知 WL 的总负荷为 $I_{30} = 63.51kA$。该线路设有定时限过电流保护装置及电流速断保护装置。供配电系统 k_1、k_2 两点的短路电流如表 7-3 所示。（K_i 在 15/5，100/5，600/5 中选取）。

试求：（1）继电器动作电流及保护装置的动作电流；

（2）保护装置的动作时限；

（3）灵敏度校验。

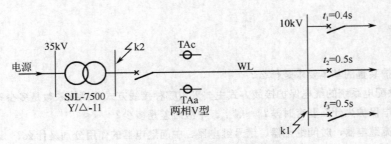

图 7-28　题 16 供配电系统图

表 7-3　题 16 的短路电流

短 路 电 流	短 路 点	
	k1	k2
$I_{k.max}^{(3)}$ /A	1320	2785
$I_{k.min}^{(3)}$ /A	570	2850

第8章　供配电系统的二次回路和自动装置

二次回路和自动装置是供配电系统的重要组成部分，对一次回路的安全、可靠性起着非常重要的作用。熟悉并掌握操作电源、高压断路器控制回路、中央信号回路、测量和绝缘监视回路等内容。

8.1　概述

8.1.1　二次回路及其分类

供配电系统的二次回路（即二次电路）是指用来控制、指示、监测和保护一次回路运行的电路，也称二次系统，包括控制系统、信号系统、监测系统及继电保护系统等。

二次回路按其电源性质分为直流回路和交流回路。交流回路又分为交流电流回路和交流电压回路。交流电流回路由电流互感器供电，交流电压回路由电压互感器供电。二次回路按用途分为断路器控制（操作）回路、信号回路、测量和监视回路、继电保护回路等。

二次回路对一次回路的安全、可靠、优质、经济运行有着十分重要的作用，因此必须予以充分重视。

8.1.2　操作电源及其分类

二次回路的操作电源是高压断路器分、合闸回路和继电保护装置、信号回路、监测系统及其他二次回路所需的电源。

操作电源分为直流和交流两大类。直流操作电源分为由蓄电池组供电的电源和由整流装置供电的电源两种。交流操作电源分为由所（站）用变压器供电的电源和由电流、电压互感器供电的电源两种。

8.1.3　高压断路器的控制回路和信号回路

高压断路器的控制回路是指控制（操作）高压断路器分、合闸的回路，它取决于断路器操作机构的形式和操作电源的类别。电磁操作机构只能采用直流操作电源，弹簧操作机构和手动操作机构既可采用直流操作电源又可采用交流操作电源，一般采用交流操作电源。

信号回路是用来指示一次系统设备运行状态的二次回路。信号按用途分为断路器位置信号、事故信号和预告信号等。

断路器位置信号用来指示断路器正常工作的位置状态。一般是红灯亮表示断路器处在合闸位置；绿灯亮表示断路器处在分闸位置。

事故信号用来指示断路器在一次系统事故情况下的工作状态。一般是红灯闪烁表示断路器自动合闸；绿灯闪烁表示断路器自动跳闸。此外，还有事故音响信号和光字牌信号等。

预告信号是在一次系统出现不正常工作状态时或在故障初期发出的报警信号。例如，变压器过负荷或者轻瓦斯动作时，就会发出区别于上述事故音响信号的另一种预告音响信号，同时光字牌亮，指示出故障的性质和地点，值班人员可根据预告信号及时处理相关故障。

对断路器的控制回路和信号回路主要有以下要求。

（1）应能监视控制回路的保护装置（如熔断器）及其分、合闸回路的完好性，以保证断路器的正常工作，通常采用灯光监视的方式。

（2）合闸或分闸完成后，应能使命令脉冲解除，即能切断合闸或分闸的电源。

（3）应能指示断路器正常合闸和分闸的位置状态，并在自动合闸和自动跳闸时有明显的指示信号。

（4）断路器的事故跳闸信号回路应按不对应原理接线。当断路器采用手动操作机构时，利用操作机构的辅助触点与断路器的辅助触点构成不对应关系，即操作机构手柄在合闸位置而断路器已经跳闸时，发出事故跳闸信号。当断路器采用电磁操作机构或弹簧操作机构时，利用控制开关的触点与断路器的辅助触点构成不对应关系，即控制开关手柄在合闸位置而断路器已经跳闸时，发出事故跳闸信号。

（5）对有可能出现不正常工作状态或故障的设备应装设预告信号。预告信号应能使控制室或值班室的中央信号装置发出音响或灯光信号，并能指示故障的地点和性质。通常预告音响信号用电铃，而事故音响信号用电笛，两者有所区别。

8.1.4　供配电系统的自动装置

1．自动重合闸装置（ARD）

经验表明，电力系统中的不少故障特别是架空线路上的短路故障大多是暂时性的，这些故障在断路器跳闸后，多数能很快自行消除。因此，采用 ARD 可以使断路器在自动跳闸后又自动重合闸，大多能使电力系统恢复供电，进而大大提高了供电的可靠性，避免因停电而给电力系统带来重大损失。

单端供电线路的三相 ARD 按其不同特性有不同的分类方法：按自动重合闸的方法分为机械式 ARD 和电气式 ARD；按组合元件分为机电型 ARD、晶体管型 ARD 和微机型 ARD；按重合次数分为一次重合式 ARD、二次重合式 ARD 和三次重合式 ARD 等。

机械式 ARD 用于采用弹簧操作机构的断路器，可在具有交流操作电源或虽然有直流跳闸电源但是没有直流合闸电源的变配电所中使用。电气式 ARD 用于采用电磁操作机构的断路器，可在具有直流操作电源的变配电所中使用。

运行经验证明：ARD 的重合成功率随着重合次数的增加而显著降低。对架空线路来说，一次重合成功率可达 60%～90%，而二次重合成功率只有 15%左右，三次重合成功率仅为 3%左右。因此企业供电系统中一般只采用一次 ARD。

2．备用电源自动投入装置（APD）

在供电可靠性要求较高的企业变配电所中，通常设有两路及以上的电源进线。在车间变电站低压侧一般设有与相邻车间变电站相连的低压联络线。若在作为备用电源的线路上装设 APD，则在工作电源线路突然停电时，利用失压保护装置使该线路的断路器跳闸，并在 APD 作用下，使备用电源线路的断路器迅速合闸，投入备用电源，恢复供电，进而大大提高供电的可靠性。

8.2 操作电源

8.2.1 由蓄电池组供电的直流操作电源

1. 铅酸蓄电池

铅酸蓄电池的正极二氧化铅（PbO_2）和负极铅（Pb）插入稀硫酸（H_2SO_4）溶液中，可以发生化学反应。在两极板上产生不同的电位，这两个电位在外电路断开时的电位差就是蓄电池的电势。

一般来说，单个铅蓄电池的额定端电压为 2V，放电后端电压由 2V 降到 1.8～1.9V；在充电完成时，端电压可升高到 2.6～2.7V。为了获得 220V 的直流操作电压，电池端电压按高于直流母线电压的 5% 来考虑，即按 230V 计算蓄电池的个数。故所需蓄电池的上限个数为 n_1=230/1.8≈128 个，所需蓄电池的下限个数为 n_2=230/2.7=85 个。因此有 n=n_1-n_2=128-85=43 个蓄电池用于调节直流输出电压，通过双臂电池调节器来完成对直流输出电压的调节。

采用铅酸蓄电池组的直流操作电源是一种特定的操作电源系统，无论供配电系统发生何种事故，甚至在交流电源全部停电的情况下，仍能保证控制回路、信号回路、继电保护及自动装置等能可靠工作，同时还能保证事故照明用电，这是铅酸蓄电池组的突出优点。但铅酸蓄电池组也有许多缺点，如它在充电时要排出氢和氧的混合气体，否则会有爆炸危险；而且随着气体带出硫酸蒸气，有强腐蚀性，危害人身健康和设备安全。因此铅酸蓄电池组要求单独装设在专用房间内，而且要进行防腐、防爆处理，这样做投资很大。

2. 镉镍蓄电池

镉镍蓄电池的正极为氢氧化镍（$Ni(OH)_3$）或三氧化二镍（Ni_2O_3）的活性物，负极为镉（Cd），溶液为氢氧化钾（KOH）或氢氧化钠（NaOH）等碱溶液。

单个镉镍蓄电池的额定端电压为 1.2V，充电完毕时端电压可达 1.75V。采用镉镍蓄电池组的直流操作电源除不受供配电系统运行情况的影响、工作可靠外，还具有大电流放电性能好、使用寿命长、腐蚀性小、占地面积小、充放电控制方便及无须专用房间等优点，因此在企业供配电系统中，镉镍蓄电池有逐渐取代铅酸蓄电池的趋势。

8.2.2 由整流装置供电的直流操作电源

目前在企业的变配电所中，直流操作电源主要采用带电容储能的直流装置或带镉镍电池储能的直流装置。

图 8-1 是带有两组不同容量的硅整流装置。硅整流器的交流电源由不同的所用变压器供给，其中一路工作而另一路备用，两路之间用接触器自动切换。在正常情况下，两台硅整流器同时工作，较大容量的硅整流器（U1）供断路器合闸；较小容量的硅整器（U2）只向控制回路、保护回路（跳闸）及信号回路提供电源。在 U2 发生故障时，U1 可以通过逆止元件（VD3）向控制母线供电。

当电力系统发生故障且 380V 交流电源电压下降时，直流 220V 母线电压也相应下降。此时利用并联在保护回路中的电容（C_1）和电容（C_2）的储能来使继电保护装置动作，达到断路器跳闸的目的。

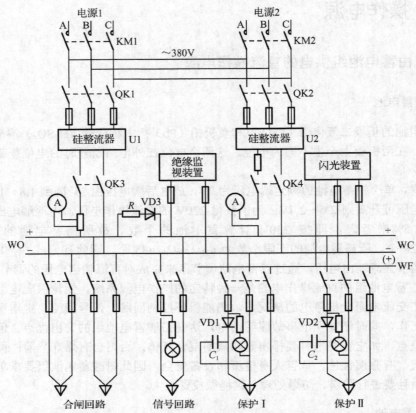

注：C1、C2—储能电容器；WC—控制小母线；WF—闪光信号小母线；WO—合闸小母线

图 8-1　带有两组不同容量的硅整流装置

在正常情况下，各断路器的直流控制系统中的信号灯及重合闸继电器由信号回路供电，不消耗电容器中储存的电能。在保护回路装设逆止元件（VD1、VD2）的目的也是为了使电容器中储存的电能仅用来维持保护回路的电源，而不向其他与保护回路（跳闸）无关的元件放电。

8.2.3　交流操作电源

采用交流操作电源时，控制回路、信号回路、自动装置及事故照明等均由所用变压器供电。某些继电保护装置通常将电流互感器所传递的短路电流作为操作电源。目前，常见的两种交流操作电源的原理电路图如图 8-2 所示。

直动式脱扣器去跳闸常将瞬时电流脱扣器装在断路器手动操作机构中，并且直接由电流互感器供电，当主电路发生短路故障时，短路电流流过电流互感器反映到瞬时脱扣器中，使其动作，断路器跳闸。这种方式结构简单，不需要其他附加设备，但灵敏度较低，只适用于单电源放射式末端线路或小容量变压器的保护回路中。

去分流方式也是由电流互感器直接向脱扣器供电的，如图 8-2(b)所示。正常运行时，脱扣器（YR）被继电器常闭触点短接，无电流通过。当发生短路故障时，继电器动作，使触点切换，将脱扣器接入电流互感器二次侧，利用短路电流的能量使断路器跳闸。

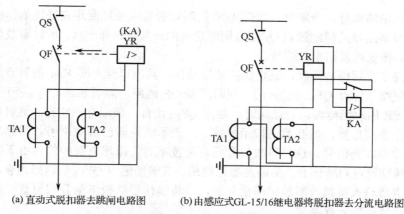

(a) 直动式脱扣器去跳闸电路图　　(b) 由感应式GL-15/16继电器将脱扣器去分流电路图

图 8-2　常见的两种交流操作电源的原理电路图

8.3　高压断路器的控制回路和信号回路

8.3.1　手动操作的断路器控制回路和信号回路

图 8-3 是手动操作的断路器控制回路和信号回路的原理图。合闸时，推上操作机构手柄使断路器合闸。这时断路器的辅助触点 QF$_{3-4}$ 闭合，红灯 RD 亮，指示断路器 QF 已经合闸。由于有限流电阻 R_1 和 R_2，因此跳闸线圈 YR 虽有电流通过，但电流很小，不会动作。红灯 RD 亮，还表示跳闸线圈 YR 回路及控制回路的熔断器 FU1、FU2 是完好的，即红灯 RD 同时起着监视跳闸回路完好性的作用。分闸时，扳下操作机构手柄使断路器分闸。这时断路器的辅助触点 QF$_{3-4}$ 断开，切断跳闸回路，同时辅助触点 QF$_{1-2}$ 闭合，绿灯 GN 亮，指示断路器 QF 已经分闸。绿灯 GN 亮，还表示控制回路的熔断器 FU1、FU2 作用。

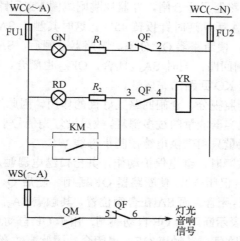

注：WC—控制小母线；WS—信号小母线；GN—绿色指示灯；RD—红色指示灯；R_1 和 R_2—限流电阻；YR—跳闸线圈（脱扣器）；KM—出口继电器；QF—断路器；QF$_{1\sim6}$—断路器的辅助触点；QM—手动操作机构辅助触点

图 8-3　手动操作的断路器控制回路和信号回路的原理图

在正常操作断路器分、合闸时，绿灯 GN 同时起着监视控制回路完好性的作用，操作机构辅助触点 QM 与断路器的辅助触点 QF$_{5-6}$ 是同时切换的，总是一开一合，所以事故信号回路总是不通的，故不会错误地发出事故信号。

当一次回路发生短路故障时，继电保护装置动作，其出口继电器 KM 的触点闭合，接通跳闸线圈 YR 的回路（触点 QF$_{3-4}$ 已闭合），使断路器 QF 跳闸。随后触点 QF$_{3-4}$ 断开，使红灯 RD 熄灭，并切断 YR 的跳闸电源。与此同时，触点 QF$_{1-2}$ 闭合，使绿灯 GN 亮。这时操作机构的操作手柄虽然仍在合闸位置，但其黄色指示牌掉下，表示断路器已自动跳闸。同时事故信号回路接通，发出音响和灯光信号。这时事故信号回路是按不对应原理来接线的。由于操作机构仍在合闸位置，其辅助触点 QM 闭合，而断路器已跳闸，其辅助触点 QF$_{5-6}$ 也返回闭合，因此事故信号回路接通。当值班人员接收事故跳闸信号后，可将操作手柄扳下至分闸位置，这时黄色指示牌返回，事故信号也随之解除。

控制回路中分别与指示灯 GN 和 RD 串联的电阻 $R1$ 和 $R2$，主要用来防止指示灯的灯座短路时造成控制回路短路或断路器误跳闸。

8.3.2 电磁操作的断路器控制回路和信号回路

图 8-4 是采用电磁操作机构的断路器控制回路和信号回路原理图，其操作电源采用如图 8-1 所示的硅整流电容储能的直流系统。控制开关采用双向自复式并具有保持触点的 LW5 型万能转换开关，其手柄正常为垂直位置（0°）。顺时针扳转 45°，为合闸（ON）操作，手松开即自动返回（复位），保持合闸状态。逆时针扳转 45°，为分闸（OFF）操作，手松开也自动返回，保持分闸状态。图中虚线上的黑点表示在此位置时触点接通；虚线上标出的箭头表示控制开关 SA 手柄自动返回的方向。

合闸时，将控制开关 SA 手柄顺时针扳转 45°，这时其触点 SA$_{1-2}$ 接通，合闸接触器 KO 通电（回路中触点 QF$_{1-2}$ 已闭合），其主触点闭合，使电磁合闸线圈 YO 通电，断路器 QF 合闸。断路器合闸完成后，SA 自动返回，其触点 SA$_{1-2}$ 断开，QF$_{1-2}$ 也断开，切断合闸回路；同时 QF$_{3-4}$ 闭合，红灯 RD 亮，指示断路器已经合闸，并监视跳闸线圈 YR 回路的完好性。

分闸时，将控制开关 SA 手柄逆时针扳转 45°，这时其触点 SA$_{7-8}$ 接通，跳闸线圈 YR 通电（回路中触点 QF$_{3-4}$ 已闭合），使断路器 QF 分闸。断路器分闸后，SA 自动返回，其触点 SA$_{7-8}$ 断开，QF$_{3-4}$ 也断开，切断跳闸回路；同时 SA$_{3-4}$ 闭合，QF$_{1-2}$ 也闭合，绿灯 GN 亮，指示断路器已经分闸，并监视合闸接触器 KO 回路的完好性。

由于红、绿指示灯起到监视分、合闸回路完好性的作用，因此这样长时间运行，耗电较多。为了减少操作电源中储能电容器能量的过多消耗，故另设灯光信号小母线 WL，专门用来接入红、绿指示灯，储能电容器的能量只用来供电给控制小母线 WC。

当一次回路发生短路故障时，继电保护动作，其出口继电器触点 KM 闭合，接通跳闸线圈 YR 回路（回路中触点 QF$_{3-4}$ 已闭合），使断路器 QF 跳闸。随后 QF$_{3-4}$ 断开，使红灯 RD 熄灭，并切断跳闸回路，同时 QF$_{1-2}$ 闭合，而 SA 在合闸位置，其触点 SA$_{5-6}$ 也闭合，从而接通闪光信号小母线 WF，使绿灯闪光，表示断路器 QF 自动跳闸。由于 QF 自动跳闸，SA 在合闸位置，其触点 SA$_{9-10}$ 闭合，而 QF 已经跳闸，其触点 QF$_{5-6}$ 也闭合，因此事故音响信号回路接通，发出音响信号。当值班人员接收事故跳闸信号后，可将控制开关 SA 的操作手柄扳向分闸位置（逆时针扳转 45° 后松开），使 SA 的触点与 QF 的辅助触点恢复对应关系，事故信号立即解除。

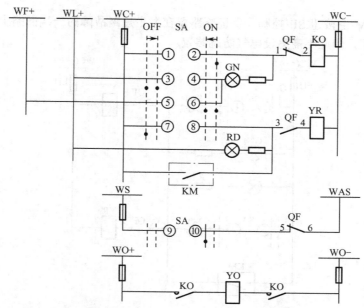

注：WC—控制小母线；WL—灯光信号小母线；WF—闪光信号小母线；WS—信号小母线；WAS—事故音响信号小母线；

WO—合闸小母线；SA—控制开关；KO—合闸接触器；YO—电磁合闸线圈；YR—跳闸线圈；KM—出口继电器；

QF$_{1~6}$—断路器 QF 的辅助触点；GN—绿色指示灯；RD—红色指示灯；

ON—合闸操作方向；OFF—分闸操作方向

图 8-4　采用电磁操作机构的断路器控制回路和信号回路原理图

8.3.3　弹簧机构操作的断路器控制回路和信号回路

图 8-5 是采用 CT7 型弹簧操作机构的断路器控制回路和信号回路原理图，其控制开关 SA 采用 LW2 或 LW5 型万能转换开关。

合闸时，先按下按钮 SB，使储能电动机 M 通电运转（位置开关 SQ2 已闭合），从而使合闸弹簧储能。弹簧储能完成后，SQ2 自动断开，切断电动机 M 的回路，同时位置开关 SQ1 闭合，为合闸做好准备。然后将控制开关 SA 手柄扳向合闸（ON）位置，其触点 SA$_{3-4}$ 接通，合闸线圈 YO 通电，使弹簧释放，通过传动机构使断路器 QF 合闸。合闸后，其辅助触点 QF$_{1-2}$ 断开，绿灯 GN 熄灭，并切断合闸回路；同时 QF$_{3-4}$ 闭合，红灯 RD 亮，指示断路器在合闸位置，并监视跳闸回路的完好性。

分闸时，将控制开关 SA 手柄扳向分闸（OFF）位置，其触点 SA$_{1-2}$ 接通，跳闸线圈 YR 通电（回路中触点 QF$_{3-4}$ 原已闭合），使断路器 QF 分闸。分闸后，其辅助触点 QF$_{3-4}$ 断开，红灯 RD 熄灭，并切断跳闸回路；同时 QF$_{1-2}$ 闭合，绿灯 GN 亮，指示断路器在分闸位置，并监视合闸回路的完好性。

当一次回路发生短路故障时，保护装置动作，其出口继电器 KM 触点闭合，接通跳闸线圈 YR 回路（回路中触点 QF$_{3-4}$ 已闭合），使断路器 QF 跳闸。随后 QF$_{3-4}$ 断开，红灯 RD 熄灭，并切断跳闸回路。由于断路器自动跳闸，SA 手柄仍在合闸位置，其触点 SA$_{9-10}$ 闭合，而断路器 QF 已经跳闸，QF$_{5-6}$ 闭合，因此事故音响信号回路接通，发出事故跳闸音响信号。值班人员接收此信号后，可将控制开关 SA 手柄扳向分闸（OFF）位置，使 SA 触点与 QF 辅助触点恢复对应关系，进而使事故跳闸信号解除。

储能电动机 M 由按钮 SB 控制，保证断路器在发生短路故障的一次回路上时，断路器自动跳闸后不致重合闸，因此不需另设电气防跳装置。

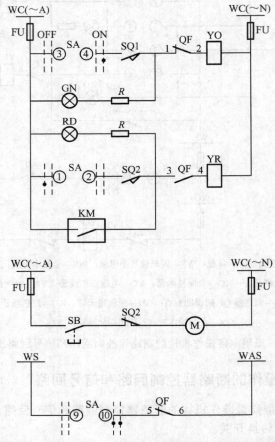

注：WC—控制小母线；WS—信号小母线；WAS—事故音响信号小母线；SA—控制开关；SB—按钮；

SQ1 和 SQ2—储能位置开关；YO—电磁合闸线圈；YR—跳闸线圈；QF1～6—断路器辅助触点；

M—储能电动机；GN—绿色指示灯；RD—红色指示灯；KM—继电保护出口继电器触点

图 8-5　采用 CT7 型弹簧操作机构的断路器控制回路和信号回路原理图

8.4　自动装置简介

8.4.1　电力线路的自动重合闸装置

1. 电气一次自动重合闸装置的基本原理

图 8-6 是电气一次自动重合闸装置基本原理的简图。手动合闸时，按下合闸按钮 SB1，使合闸接触器 KO 通电动作，从而使合闸线圈 YO 动作，使断路器 QF 合闸。手动跳闸时，按下跳闸按钮 SB2，使跳闸线圈 YR 通电动作，使断路器 QF 跳闸。

当一次回路发生短路故障时，继电保护装置动作，其出口继电器触点 KM 闭合，接通跳闸线圈 YR 回路，使断路器 QF 自动跳闸。与此同时，断路器辅助触点 QF₃-₄ 闭合，而且重合闸继电器 KAR 启动，经整定的时间后其延时闭合的常开触点闭合，使合闸接触器 KO 通电动作，进而使断路器 QF 重合闸。若一次回路上的故障是瞬时性的（已经消除），则重合闸成功；若短路故障尚未消除，则保护装置又要动作，KM 的触点又使断路器 QF 再次跳闸。由于一次自动重合闸装置采取了防跳措施（防止多次反复跳、合闸，图 8-6 中未表示），因此不会再次重合闸。

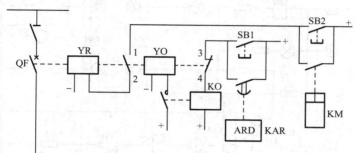

注：QF—断路器；YR—跳闸线圈；YO—合闸线圈；KO—合闸接触器；KAR—重合闸继电器；

KM—出口继电器；SB1—合闸按钮；SB2—跳闸按钮

图 8-6　电气一次自动重合闸装置基本原理的简图

2. 电气一次自动重合闸装置示例

图 8-7 是采用 DH-2 型重合闸继电器的电气一次自动重合闸装置展开式原理电路图（图中仅绘出与自动重合闸装置有关的部分）。该电路的控制开关 SA1 采用 LW2 型万能转换开关，其合闸（ON）和分闸（OFF）操作各有三个位置：预备分、合闸，正在分、合闸，分、合闸后。SA1 两侧的箭头"→"指向就是这种操作程序。若选择开关 SA2 采用 LW2-1.1/F4-X 型，则只有合闸（ON）和分闸（OFF）两个位置，用来投入和解除自动重合闸装置。

（1）一次自动重合闸装置的工作原理。系统正常运行时，控制开关 SA1 和选择开关 SA2 都扳到合闸（ON）位置，自动重合闸装置投入工作。这时重合闸继电器 KAR 中的电容器 C 经 R_4 充电，同时指示灯 HL 亮，表示控制小母线 WC 的电压正常，并且电容器 C 处于充电状态。

当一次回路发生短路故障而使断路器 QF 自动跳闸时，断路器辅助触点 QF₁-₂ 闭合，而控制开关 SA1 仍处在合闸位置，从而接通 KAR 的启动回路，使 KAR 中的时间继电器 KT 经它本身的常闭触点 KT₁-₂ 而动作。KT 动作后，其常闭触点 KT₁-₂ 断开，串入电阻 R_5，使 KT 保持动作状态。串入 R_5 的目的是限制通过时间继电器线圈的电流，防止线圈过热烧毁。

时间继电器 KT 动作后，经一定延时，其延时闭合的常开触点 KT₃-₄ 闭合。这时电容器 C 对 KAR 中的中间继电器 KM 的电压线圈放电，使 KM 动作。

中间继电器 KM 动作后，其常闭触点 KM₁-₂ 断开，使指示灯 HL 熄灭，这时表示 KAR 已经动作，其出口回路已经接通。合闸接触器 KO 由控制小母线 WC 经 SA2、KAR 中的 KM₃-₄、KM₅-₆ 两对触点及 KM 的电流线圈、时间继电器线圈、连接片 XB、触点 KM1₃-₄ 和断路器辅助触点 QF₃-₄ 而获得电源，从而使断路器 QF 重合闸。

由于中间继电器 KM 是由电容器 C 放电而动作的，但 C 的放电时间不长，因此为了使 KM 能够自保持，在 KAR 的出口回路中串入了 KM 的电流线圈，通过 KM 本身的常开触点 KM_{3-4} 和 KM_{5-6} 闭合使其接通，以保持 KM 的动作状态。在断路器 QF 合闸后，其辅助触点 QF_{3-4} 断开而使 KM 的自保持解除。

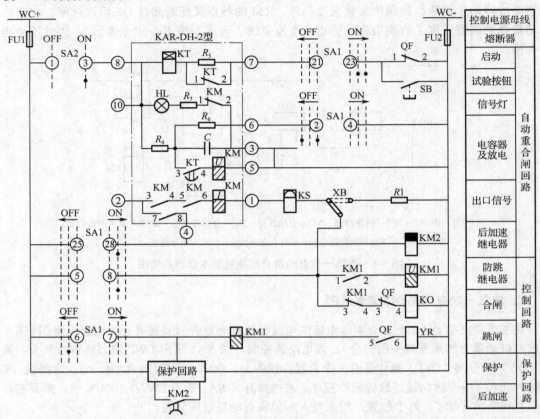

注：WC—控制小母线；SA1—控制开关；SA2—选择开关；KAR-DH-2 型—重合闸继电器（内含 KT—时间继电器、

KM—中间继电器、HL—指示灯及电阻、电容器 C 等）；KM1—防跳继电器（DZB-115 型中间继电器）；

KM2—后加速继电器（DZS-145 型中间继电器）；KS-DX-11 型信号继电器；

KO—合闸接触器；YR—跳闸线圈；XB—连接片；QF—断路器辅助触点

图 8-7　采用 DH-2 型重合闸继电器的电气一次自动重合闸装置展开式原理电路图

在 KAR 的出口回路中串联信号继电器 KS，是为了记录 KAR 的动作，并为 KAR 动作发出灯光信号和音响信号。断路器重合闸成功后，所有继电器都自动返回，电容器 C 又恢复充电。要使 ARD 退出工作，可将 SA2 扳到分闸（OFF）位置，同时将出口回路中的连接片 XB 断开。

（2）一次自动重合闸装置的基本要求

① 一次自动重合闸装置只重合闸一次，若一次回路故障是永久性的，则断路器在 KAR 作用下重合闸后，继电保护又要动作，使断路器再次自动跳闸。断路器第二次跳闸后，KAR 又要启动，使时间继电器 KT 动作。但由于电容器 C 还来不及充好电（充电时间需 15～25s），因此 C 的放电电流很小，不能使中间继电器 KM 动作，从而 KAR 的出口回路不会接通，这就保证了自动重合闸装置只重合一次。

② 用控制开关操作断路器分闸时，自动重合闸装置不应动作。如图 8-7 所示，通常在分闸操作时，先将选择开关 SA2 扳至分闸（OFF）位置，其触点 $SA2_{1-3}$ 断开，使 KAR 退出工作。将控制开关 SA1 扳到"预备分闸"及"分闸后"位置，其触点 $SA1_{2-4}$ 闭合，使电容器 C 先对 R_6 放电，从而使中间继电器 KM 失去动作电源。因此即使 SA2 没有扳到分闸位置（使 KAR 退出的位置），但是在采用 SA1 操作分闸时，断路器也不会自行重合闸。

③ 自动重合闸装置的防跳措施。当 KAR 出口回路中的中间继电器 KM 的触点被粘住时，应防止断路器多次重合于发生永久性短路故障的一次回路上。

如图 8-7 所示的自动重合闸装置电路中，采用了两项防跳措施：① 在 KAR 的中间继电器 KM 的电流线圈回路（即其自保持回路）中，串联了它自身的两对常开触点 KM_{3-4} 和 KM_{5-6}。这样，万一其中一对常开触点被粘住，另一对常开触点仍能正常工作，不会发生断路器"跳动"（即反复跳、合闸）现象。② 为了防止 KM 的两对触点 KM_{3-4} 和 KM_{5-6} 同时被粘住时断路器仍可能"跳动"，故在断路器的跳闸线圈 YR 回路中，又串联了防跳继电器 KM1 的电流线圈。在断路器分闸时，KM1 的电流线圈同时通电，使 KM1 动作。当 KM_{3-4} 和 KM_{5-6} 同时被粘住时，KM1 的电压线圈经它自身的常开触点 $KM1_{1-2}$、XB、线圈 KS、电流线圈 KM 及其两对触点 KM_{3-4}、KM_{5-6} 而带电自保持，使 KM1 在合闸接触器 KO 回路中的常闭触点 $KM1_{3-4}$ 也同时保持断开，使合闸接触器 KO 不致接通，从而达到"防跳"的目的。因此这种防跳继电器 KM1 实际是一种分闸保持继电器。

采用了防跳继电器 KM1 以后，即使用控制开关 SA1 操作断路器合闸，只要一次回路存在着故障，继电保护使断路器跳闸后，断路器也不会再次合闸。当 SA1 的手柄扳到"合闸"位置时，其触点 $SA1_{5-8}$ 闭合，合闸接触器 KO 通电，使断路器合闸。若一次回路存在着故障，则继电保护将使断路器自动跳闸。在跳闸回路接通时，防跳继电器 KM1 启动。这时即使 SA1 手柄扳在合闸位置，但由于 KO 回路中 KM1 的常闭触点 $KM1_{3-4}$ 断开，SA1 的触点 $SA1_{5-8}$ 闭合，因此也不会再次接通 KO，而是接通 KM1 的电压线圈，使 KM1 自保持，从而避免断路器再次合闸，达到防跳的要求。当 SA1 回到合闸位置时，其触点 $SA1_{5-8}$ 断开，使 KM1 的自保持随之解除。

8.4.2 备用电源自动投入装置

在企业供配电系统中，为了保证不间断供电，对于具有一级负荷和重要的二级负荷的变电站或重要用电设备、主要线路等，常采用备用电源自动投入装置。以保证工作电源因故障电压消失时，备用电源自动投入，继续恢复供电。备用电源自动投入装置应用场所较多，如备用变压器、备用线路、备用母线及备用机组等。

1. 备用电源自动投入装置的基本原理

图 8-8(a)是有一条工作线路和一条备用线路的明备用情况，自动重合闸装置装设在备用进线断路器 QF2 上。正常运行时，备用电源断开，当工作电源一旦失去电压后，便被自动投入装置切除，随即将备用电源自动投入。

图 8-8(b)为两条独立的工作线路分别供电的暗备用情况，自动投入装置装设在母线分段断路器 QF3 上。正常运行时，分段断路器 QF3 断开。当其中一条线路失去电压后，自动投入装置能自动将失去电压的线路断路器断开，随即将分段断路器自动投入，让非故障线路供应全部负荷。

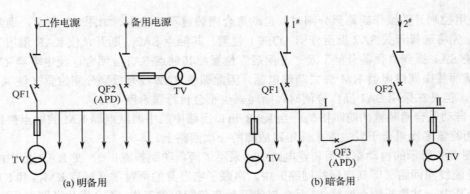

图 8-8　备用电源自动投入装置主电路图

2.　对备用电源自动投入装置的基本要求

备用电源自动投入装置应满足以下基本要求。

（1）工作电压不论因何种原因消失时，备用电源的所有自动投入装置均应启动，但应防止电压互感器熔断器熔断时造成误动作。

（2）备用电源应在工作电源确实断开后才投入。工作电源若是变压器，则其高、低压侧断路器均应断开。

（3）备用电源只能自投一次。

（4）当备用电源自投于故障母线上时，应使其保护装置加速动作，以防事故扩大。

（5）备用电源侧有电压时才能自投。

（6）兼作几段母线的备用电源，当已代替一个工作电源时，必要时仍能作为其他段母线的备用电源。

（7）备用电源自动投入装置的时限整定应尽可能短，这样才能保证负载中电动机自启动的时间要求，通常为 $1\sim1.5s$。

3.　高压备用线路的备用电源自动投入装置应用示例

图 8-9 是高压双电源互为备用的自动投入装置电路，采用的控制开关 SA1、SA2 均为 LW2 型万能转换开关，其触点 5-8 只在"合闸"时接通，触点 6-7 只在"分闸"时接通。断路器 QF1 和 QF2 均采用交流操作的 CT7 型弹簧操作机构。假设 WL1 工作，WL2 备用，即断路器 QF1 在合闸位置，QF2 在分闸位置。这时控制开关 SA1 在"合闸后"位置，SA2 在"分闸后"位置，它们的触点 5-8 和 6-7 均断开，而触点 $SA1_{13-16}$ 接通，触点 $SA2_{13-16}$ 断开。指示灯 RD1（红灯）亮，绿灯 GN1 灭；红灯 RD2 灭，绿灯 GN2 亮。

当工作电源断电时，电压继电器 KV1 和 KV2 动作，它们的触点返回闭合，接通时间继电器 KT1，其延时闭合的常开触点闭合，接通信号继电器 KS1 和跳闸线圈 YR1，使断路器 QF1 跳闸，同时给出跳闸信号，红灯 RD1 因触点 $QF1_{5-6}$ 断开而熄灭，绿灯 GN1 因触点 $QF1_{7-8}$ 闭合而点亮。与此同时，断路器 QF2 的合闸线圈 YO2 因触点 $QF1_{1-2}$ 闭合而通电，使断路器 QF2 合闸，从而使备用电源 WL2 自动投入，恢复变配电所的供电，同时红灯 RD2 亮，绿灯 GN2 灭。

反之，若运行的备用电源断电，则电压继电器 KV3、KV4 将使断路器 QF2 跳闸，QF1 合闸，自动投入工作电源。

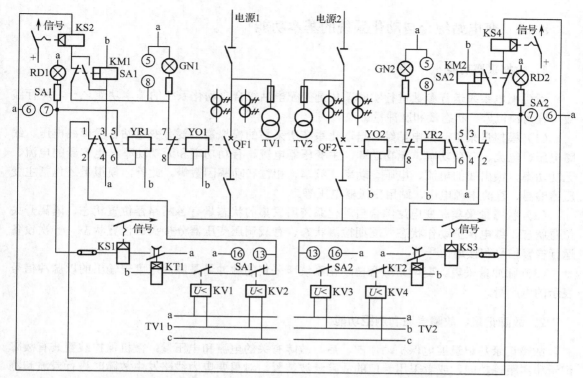

注：WL1、WL2—电源进线；QF1、QF2—断路器；TV1、TV2—电压互感器（其二次侧相序为 a、b、c）；

SA1、SA2—控制开关；KV1～KV4—电压继电器；KT1、KT2—时间继电器；

KM1、KM2—中间继电器；KS1～KS4—信号继电器；YR1、YR2—跳闸线圈；

YO1、YO2—合闸线圈；RD1、RD2—红色指示灯；GN1、GN2—绿色指示灯

图 8-9　高压双电源互为备用的自动投入装置电路

8.5　变电站综合自动化系统

8.5.1　变电站综合自动化系统概述

综合自动化系统是供配电系统的重要组成部分，主要由硬件系统和软件系统两部分构成。随着计算机技术、通信技术、网络技术和自动控制技术在供配电系统的广泛应用，变电站综合自动化技术也得到了迅猛发展。

变电站综合自动化系统实际上是利用计算机技术、通信技术等，对变电站的二次设备（包括继电保护、控制、测量、信号、故障录波、自动装置和远动装置等）的功能进行重新组合和优化设计，对变电站全部设备的运行情况执行监视、测量、控制和协调的一种综合性的自动化系统。它的出现为变电站的小型化、智能化，扩大设备的监控范围，提高变电站的安全性、可靠性、优质和经济地运行提供了现代化的手段和技术保证。该系统取代了运行工作中的各种人工作业，从而提高了变电站的运行管理水平。

8.5.2　变电站综合自动化系统的基本功能

1．数据采集功能

对供配电系统运行参数进行实时采集是变配电站综合自动化系统的基本功能之一，运行参数可分为模拟量、状态量和脉冲量。

（1）模拟量采集。变电站综合自动化系统所采集的模拟量主要有变电站各段母线电压、线路电压、电流、有功功率、无功功率，主变压器电流、有功功率和无功功率，电容器的电流、无功功率，馈出线的电流、电压、功率、频率、相位和功率因数等。此外，模拟量还包括主变压器油温、直流电源电压、站用变压器电压等。

（2）状态量采集。变电站综合自动化系统所采集的状态量有各断路器位置状态、隔离开关位置状态、继电保护动作状态、周期检测状态、有载调压变压器分接头的位置状态、一次设备运行告警信号和接地信号等。

（3）脉冲量采集。变电站综合自动化系统所采集的脉冲量是脉冲电度表输出的以脉冲信号表示的电度量。

2．故障记录、故障录波和测距功能

故障记录是记录继电保护动作前、后与故障有关的电流和电压量；微机保护装置兼有故障记录和测距等功能，或者采用专门的故障录波装置，对重要电力线路发生故障时进行录波和测距，并实时与监控系统通信。

3．测量与监视功能

变电站的各段母线电压、线路电压、电流、有功功率、无功功率、温度等参数均属于模拟量，将其通过 A/D 转换后，由计算机进行分析和处理，以便于查询和使用。监控系统对采集到的电压、电流、频率、主变压器油温等实时量进行监视。

4．操作控制功能

变电站工作人员可通过人机接口（键盘、鼠标）对断路器的分、合进行操作，工作人员既可以对主变压器的分接头进行调节控制，又可以对电容器组进行投、切控制，还可以通过遥控操作指令，进行远方操作。

5．人机联系功能

变电站工作人员面对的是主计算机的 CRT 显示屏，通过键盘或鼠标观察和了解全站的运行情况和相关参数及相关操作。

6．通信功能

变电站综合自动化系统的通信是指系统内部与现场级间的通信和自动化系统与上级调度的通信。现场级间的通信主要解决系统内部各子系统之间、子系统与主机之间的数据通信。

7. 微机保护功能

微机保护主要包括线路保护、主变压器保护、母线保护和电容器保护等。微机保护是变电站综合自动化系统中的关键环节。

8. 自诊断功能

变电站综合自动化系统各单元模块均有自诊断功能，其诊断信息周期性地发送到后台控制中心。

8.5.3 变电站综合自动化系统的结构

在供配电系统中，由于变电站的设计规模、重要程度、电压等级和值班方式的不同，因此所选用的变电站综合自动化系统的硬件结构形式也不尽相同。根据变电站在供配电系统中的地位和作用，在对变电站综合自动化系统的结构进行设计时，应遵循可靠和实用的原则。

从国、内外变电站综合自动化系统的发展过程看，其结构形式主要分为集中式、分层分布式和分布分散式三种。

1. 集中式

图 8-10 为集中式综合自动化系统结构。这种结构采用不同档次的计算机，扩展其外围接口电路，按信息类型划分功能，集中采集变电站的模拟量、开关量和数字量等信息，并集中进行计算和处理，分别完成微机监控、微机保护和其他控制功能。

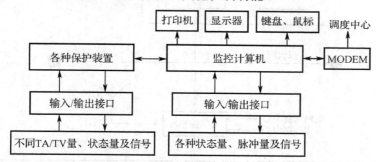

图 8-10　集中式综合自动化系统结构

2. 分层分布式

分层分布式综合自动化系统结构如图 8-11 所示。所谓分布式结构是指采用主、从 CPU 协同工作方式，各功能模块（如智能电子设备）之间采用网络技术或串行方式实现数据通信。而整个变电站的一、二次侧设备可分为变电层、单元层和设备层三层。变电层包括监控主机、工程师机、通信控制机等；单元层包括各测量、控制部件和保护部件等；设备层包括主变压器、断路器、隔离开关、互感器等一次设备。

3. 分布分散式

分布分散式综合自动化系统结构如图 8-12 所示。所谓分散式结构是将变电站内各回路的数据采集、微机保护及监控单元综合为一个装置，然后就地安装在数据源现场的开关柜中。

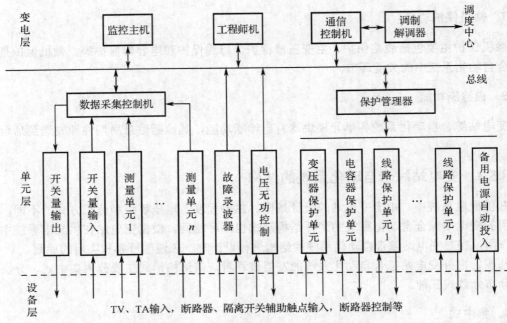

图 8-11　分层分布式综合自动化系统结构

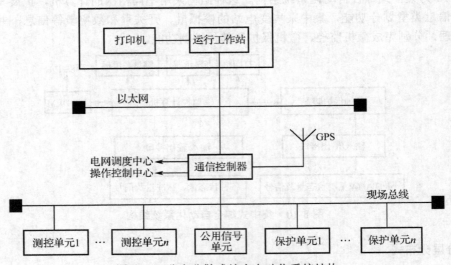

图 8-12　分布分散式综合自动化系统结构

图 8-12 中的每个回路都对应一套装置，装置中的设备相对独立，通过网络电缆连接，并与变电站主控室的监控主机通信。这种结构减少了站内二次设备及信号电缆的数量，各模块与监控主机之间通过网络或总线连接。

采用分布分散式结构可以提高变电站综合自动化系统的可靠性，降低总投资。因此，分布分散式结构应该是企业供配电系统所采用的主要形式。

变电站综合自动化系统常用的 3 种结构形式的主要特点如表 8-1 所示。

表 8-1　变电站综合自动化系统常用的 3 种结构形式的主要特点

名　称	主　要　优　点	主　要　缺　点	适　用　场　合
集中式	能实时采集和处理各种状态量；监视和操作简单；结构紧凑，体积小，造价低；实用性强	每台计算机的功能都比较集中，若出现故障，则影响范围大；系统的开放性、扩展性和可维护性较差；组态不灵活；软件复杂且修改、调试麻烦	适合小型变电站的改造和新建
分层分布式	软件简单，便于扩充和维护，组态灵活；保护装置独立；系统可靠性高；多 CPU 工作方式	由于集中组屏，因此安装时需要的控制电缆相对较多	适用于变电站的回路数较少，一次设备比较集中，信号电缆不长，易于设计、安装和维护的中低压变电站
分布分散式	减少了二次设备和电缆的数量；安装、调试简单，维护方便；占地面积小；组态灵活，可靠性高；扩展性和灵活性好	很多情况需要按规约转换，通用性、开放性受到限制	适用于更新建设的中、大型企业总降压变电站

8.5.4　变电站综合自动化系统实例

一般变电站综合自动化系统设备配置分为两层，即变电站层和间隔层。变电站层又称为站级主站层或站级工作站层，可以由多个工作站组成，负责管理整个变电站自动化系统，是变电站自动化系统的核心层。间隔层是指设备的继电保护、测控装置层，由若干个间隔单元组成，一条线路或一台变压器的保护、测控装置就是一个间隔单元，各单元基本上是相互独立、互不干扰的。

变电站综合自动化系统结构形式可分为集中式和分散式两种，集中式布置是传统的结构形式，它把所有二次侧设备按遥测、遥信、遥控、电力调度、保护功能划分成不同的子系统集中组屏，并且安装在主控制室内。因此，各被保护设备的保护测量交流回路、控制直流回路都需要用电缆送至主控室，这种结构形式虽有利于观察信号和方便调试，但耗费了大量的二次电缆。分散式布置是以间隔单元划分的，每个间隔的测量、信号、控制、保护都综合在一个或两个（保护与控制分开）单元上，分散安装在对应的开关柜（间隔）上，高压和主变压部分则集中组屏并安装在控制室内。现在的变电站综合自动化系统通常采用分布分散式布置。

现以南瑞中德公司研制生产的 NSC2000 系列变电站综合自动化系统为例，简要进行介绍。

1. 硬件配置

NSC2000 系列变电站综合自动化系统硬件配置如图 8-13 所示。

（1）后台主机是变电站综合自动化系统主机，通过它能完成监控系统的各种任务，其监控系统的基本运行平台是基于 MS Windows 的多窗口、多任务操作（NSC100）或 NT 网络操作系统（NSC100NT），能为用户提供友好的操作界面。基本配置为：① 奔腾计算机一台，内存 32M 以上，主频率 300MHz 以上，硬盘 3.2G 以上；② 19（21）寸彩色显示器一台，分辨率 1024×768；③ 打印机一台。

（2）厂站级测控主单元 NSC2100。测控主单元 NSC2100 是 NSC 测控系统的主要部分，其功能和性能对整个 NSC 的水平起到关键的作用。NSC2100 测控主单元由进口工控模块、机箱、电源等一整套硬件组成，包括 Pentium Ⅱ CPU 主处理模块、通信模块、网络模块。主处理模块主要进行信息交换和处理，通信模块除提供传统的 RS232/422/485 接口外，还具备以太网（Ethernet）和现场总线（CAN）的接口功能。

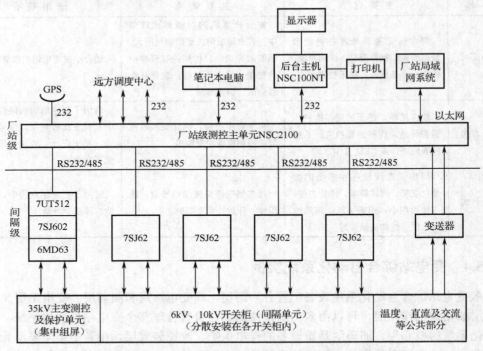

图 8-13　NSC2000 系列变电站综合自动化系统硬件配置

测控主单元 NSC2100 的主要功能是管理间隔级 NFM/NLM（馈线测控单元/线路测控单元）输入/输出单元或交流采样子系统遥测（NSC-YC）、遥控/遥信子系统（NSC-YK/YX）及微机保护单元（7S/7U），同时还要完成以下任务。

① 与远方调度中心以不同规约交换数据。

② 与当地后台监控系统主机（MMI）交换数据。

③ 同间隔级的遥控、遥测、遥信及保护单元通信。

④ 具有 1ms 的事件分辨率并能与 NLM/NFM 时钟同步。主单元可与 GPS（全球定位系统）统一时钟。

（3）35kV 主变压器测控及保护单元。可根据主变压器的容量选择相应的测控及保护单元，这里给出 3 个常用单元（配置）。

① 7UT512　保护单元是电机和变压器差动保护单元，具有差动保护、热过负荷保护、后备过电流保护、负荷监视、事件和故障记录等功能。

② 7SJ602　数字式过电流及过负荷保护用于馈线保护、重合闸（可选）、故障录波、远方通信等。

③ 6MD63　间隔级测控输入/输出单元用于测量线路的电流、电压参数，并可向主测控单元传送数据。

（4）6kV、10kV 开关柜。7SJ62 测控保护综合单元是集测量、控制及保护功能于一体的一个物理单元，可测量、计算线路的相电压、线电压、相电流、线电流、有功功率因数、无功功率因数、频率、视在负荷、有功及无功电度，具有多种保护功能。

（5）温度、直流及交流等公共部分。主变压器的温度、直流系统电压、所用变压器电压、电流等参数经变送器送至公共信号测量及信号单元（NFM-1A），采样输出至主测控单元。

2. 软件系统

由于变电站综合自动化系统的硬件采用独立的模件结构，并且各种模件具有独立的软件程序，例如，各保护单元就是一个具有特定功能的微机系统，能独立完成规定的保护功能，并能与主单元进行通信。因此，硬件和软件采用结构模块化设计，使各子程序之间互不干扰，提高了系统的可靠性。

后台主机操作系统 NSC100NT 是基于 Windows NT 平台的操作系统，操作人员通过单击窗口功能按钮，即可实现制表打印、故障信息分析、数据查询、开列操作票、断路器及隔离开关操作等分析处理与操作功能。

主单元与各保护单元之间按 IEC870-5-103 规约进行通信，其程序流程图如图 8-14 所示。

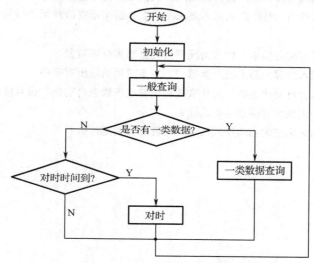

图 8-14　主单元与各保护单元之间的通信程序流程图

NSC 控制系统向保护设备发出的命令有初始化、对时、总查询、一/二类数据查询（一般查询）和开关控制等。总查询是初始化后对站内所有设备控制信息的查询，一般查询是系统运行时的实时查询。一般查询时，控制系统要对各间隔级测控、保护单元进行逐一询问，被查询到的单元将所测信息发送给主单元，主单元接收这些信息并做出相应的处理，然后对下一个单元进行查询。一类数据是指开关变位记录、故障记录等，其他为二类数据。若主单元查询到存在一类数据，则转入一类数据查询子程序，处理完后再查询下一个间隔单元。系统在运行过程中要经常对时，以保证整个系统（或计算机网络）时间的统一，当对时时间到时，执行对时程序。

本章小结

供配电系统的二次回路是指用来控制、指示、监测和保护一次回路运行的电路。二次回路的操作电源分直流和交流两大类。高压断路器的控制回路是控制高压断路器分、合闸的回路，信号回路是用来指示一次系统设备运行状态的二次回路。供配电系统的自动装置包括自动重合闸装置和备用电源自动投入装置。

二次回路的操作电源是高压断路器分、合闸回路和继电保护装置、信号回路、监测系统及其他二次回路所需的电源。操作电源分直流和交流两类。

变电站综合自动化系统主要由硬件系统和软件系统两部分构成。变电站综合自动化系统是利用计算机技术、通信技术等，对变电站二次侧设备（包括继电保护、控制、测量、信号、故障录波、自动装置和远动装置等）的功能进行重新组合和优化设计，并对变电站全部设备的运行情况进行监视、测量、控制和协调的一种综合性自动化系统。

习题 8

1. 操作电源的作用是什么？目前常用的操作电源是哪种？其特点是什么？
2. 变配电所信号回路的作用是什么？
3. 断路器的操作机构有哪几种？目前常用操作机构是哪种？特点是什么？
4. 断路器的控制回路和信号回路的基本要求是什么？断路器事故跳闸信号回路构成的不对应原理的作用是什么？
5. 自动重合闸装置有哪些要求？什么情况下采用自动重合闸装置？
6. 备用电源自动投入装置的基本要求有哪些？主要应用的场所有哪些？
7. 什么是变电所综合自动化系统？为什么要实现变电所综合自动化？该系统由哪些部分组成？
8. 变电所综合自动化系统有哪些主要功能？
9. 变电所综合自动化系统的结构形式及各自的特点分别是什么？

第 9 章　电气安全、防雷与接地

保证供配电系统的正常运行，首先必须要保证其安全性，防雷和接地是电气安全的主要措施。掌握电气安全、防雷和接地的相关知识非常重要。

9.1　电气安全

9.1.1　电气安全的有关概念

电流通过人体会令人有发麻、刺痛、压迫、打击等感觉，还会令人产生痉挛、血压升高、昏迷、心律不齐、心室颤动等症状，严重时导致死亡。

电流对人体的伤害程度与通过人体的电流大小、电流通过人体的持续时间、电流通过人体的路径及电流的种类等多种因素有关。

（1）伤害程度与电流大小的关系。通过人体的电流越大，人体的生理反应越明显，伤害越严重。对于工频交流电，按通过人体电流强度的不同以及人体呈现的反应不同，将作用于人体的电流划分为以下三级。

① 感知电流。感知电流是指电流通过人体时可引起感觉的最小电流。对于不同的人，感知电流是不同的。成年男性的平均感知电流约为 1.1mA；成年女性的平均感知电流约为 0.7mA。感知电流的大小与时间因素无关，此电流一般不会对人体造成伤害，但可能因不自主反应而导致由高处跌落等二次事故。

② 摆脱电流。摆脱电流是指人在触电后能够自行摆脱带电体的最大电流。成年男性的平均摆脱电流约为 16mA；成年女性的平均摆脱电流约为 10.5mA。成年男性的最小摆脱电流约为 9mA；成年女性的最小摆脱电流约为 6mA；儿童的摆脱电流较成人的摆脱电流要小。摆脱电流的大小与时间无关。

③ 室颤电流。室颤电流是指引起心室颤动的最小电流。由于心室颤动会导致死亡，因此可以认为室颤电流即为致命电流。室颤电流的大小与电流持续时间关系密切。当室颤电流持续时间大于心脏周期时，室颤电流为 50mA 左右；当室颤电流持续时间小于心脏周期时，室颤电流为数百毫安。

图 9-1 为国际电工委员会（IEC）提出的人体触电时间和通过人体电流（50Hz）对肌体的反应曲线，图 9-1 中各个区域所产生的电击生理效应如表 9-1 所示。

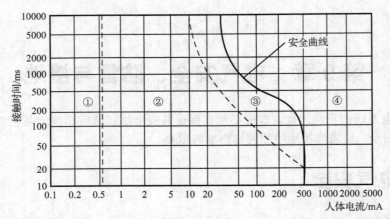

图 9-1　国际电工委员会（IEC）提出的人体触电时间和通过人体电流（50Hz）对肌体的反应曲线

表 9-1　图 9-1 中各个区域所产生的电击生理效应

区　域	生　理　效　应	区　域	生　理　效　应
①	人体无反应	③	人体一般无心室纤维性颤动和器质性损伤
②	人体一般无病理性生理反应	④	人体可能发生心室纤维性颤动

由图 9-1 可以看出，人体触电反应分为 4 个区域：其中①、②、③区可视为安全区；在③区与④区之间的曲线称为安全曲线；④区是致命区，并且③区也并非绝对安全。

我国一般采用 30mA（50Hz）作为安全电流值，并且触电时间不得超过 1s，因此安全电流值也可以写为 30mA·s。由如图 9-1 所示的曲线图中可以看出，30mA·s 位于③区，不会对人体引起心室纤维性颤动和器质性损伤，因此可认为是相对安全的。当通过人体的电流达到 50mA 时，对人就有致命危险，而达到 100mA 时，一般会致人死亡。

（2）伤害程度与电流持续时间的关系。通过人体电流的持续时间越长，越容易引起心室颤动，危险性越大。

（3）伤害程度与电流通过的关系。电流通过心脏会引起心室颤动，电流较大时会使心脏停止跳动；电流通过中枢神经，会引起中枢神经严重失调而导致死亡；电流通过头部使人昏迷，电流较大时会对脑组织产生严重损坏而导致脑死亡；电流通过脊髓会使人瘫痪等。

上述危害中，以心脏伤害的危险性最大，即电流路线短的路径是危险性最大的路径。试验表明，从左手到胸部是最危险的电流路径，从手到手、从手到脚也是很危险的电流路径。

（4）伤害程度与电流种类的关系。试验表明，直流电流、交流电流、高频电流、静电电荷及特殊波形电流对人体都有伤害作用，通常以 50～60Hz 的工频电流对人体的危害最为严重。

9.1.2　触电的急救处理

触电者的现场急救是抢救过程中关键的一步。若处理及时和正确，则因触电而呈"假死"状态的人有可能获救；反之，会带来不可弥补的后果。因此 DL 408—1991《电业安全工作规程》将"特别要学会触电急救"作为电气工作人员必须具备的技能之一。

（1）脱离电源。触电急救首先要使触电者迅速脱离电源，并且越快越好，因为触电时间越长，伤害越重。

① 脱离电源就是要将触电者接触的那一部分带电设备的开关断开，或设法将触电者与带电设备脱离。在脱离电源时，救护人员既要救助触电者，也要注意保护自己。触电者未脱离电源

前，救护人员不得直接用手触及触电者。

② 若触电者触及低压带电设备，则救护人员应设法迅速切断电源，如拉开电源开关或拔除电源插头，或使用绝缘工具、干燥的木棒等不导电物体解脱触电者。也可抓住触电者干燥而不贴身的衣服将其拖开，也可戴绝缘手套或将手用干燥衣服等包起绝缘后解脱触电者。救护人员也可站在绝缘垫上或干木板上对触电者进行救护。为使触电者与导电体解脱，最好用一只手进行救护。

③ 若触电者触及高压带电设备，则救护人员应迅速切断电源，或用适合该电压等级的绝缘工具（戴绝缘手套、穿绝缘靴并用绝缘棒）解脱触电者。救护人员在抢救过程中，应注意保持自身与周围带电部分必要的安全距离。

④ 若触电者处于高处，解脱电源后触电者可能会从高处坠落，则要采取相应的安全措施，以防触电者摔伤。

⑤ 在切断电源救护触电者时，应考虑到事故照明、应急灯等临时照明，以便继续进行急救。

（2）急救处理。当触电者脱离电源后，应立即根据具体情况，迅速对症救治，同时立即通知医生前来抢救。

① 若触电者神志尚清醒，则应使他就地躺平，严密观察，暂时不要站立或走动。

② 若触电者已神志不清，则应使他就地躺平，且确保其气道通畅，并以 5s 的时间间隔呼叫触电者或轻拍其肩部，以判定触电者是否丧失意识。禁止摇动触电者头部。

③ 若触电者失去知觉，停止呼吸，但心脏有微弱跳动时，应在通畅气道后，立即施行口对口（或鼻）的人工呼吸。

④ 若触电者伤害相当严重，心跳和呼吸都停止，完全失去知觉，则在气道通畅后，立即进行口对口（鼻）的人工呼吸和胸外按压心脏的人工循环。如果现场仅有一人抢救，那么可交替进行人工呼吸和胸外按压循环，先胸外按压心脏 4～8 次，然后口对口（鼻）吹气 2～3 次，再按压心脏 4～8 次，又口对口（鼻）吹气 2～3 次，如此循环反复进行。

采用胸外按压心脏和口对口（鼻）的人工呼吸方法，能对处于因触电而停止心跳和中断呼吸的"假死"状态的人起到暂时抢救的作用，促使其血液循环和呼吸正常，达到"起死回生"的效果。在急救过程中，人工呼吸和胸外按压的措施必须坚持进行，在医务人员未来接替救治前，不应放弃现场抢救，更不能只根据没有呼吸或脉搏擅自判定触电者死亡而放弃抢救。只有医生有权做出伤员死亡的诊断。

9.1.3 安全用电的一般措施

电气安全工作是一项综合性工作，有工程技术的一面，也有组织管理的一面，工程技术与组织管理相辅相成，有着十分密切的联系。因此，要做好电气安全工作，必须重视电气安全综合措施。保证安全用电的一般措施包括以下几个方面。

（1）建立电气安全管理机构，确定管理人员和管理方式。专职管理人员应具备一定的电气知识和电气安全知识，安全管理部门、动力部门必须互相配合，共同做好电气安全管理工作。

（2）严格执行各项安全规章制度。合理的规章制度是保证安全、促进生产的有效手段。安全操作规程、运行管理规程、电气安装规程等规章制度都与整个企业的安全运转有直接联系。

（3）对电气设备定期进行电气安全检查，以便及时排除设备的事故隐患。

（4）加强电气安全教育，以便提高工作人员的安全意识，充分认识安全用电的重要性。

（5）妥善收集和保存安全资料。安全资料是安全用电的重要依据，应当注意收集各种安全用电标准、规范、法规及国内、外电气安全信息并予以分类，作为资料保存。

（6）按规定使用电工安全用具。电工安全用具是防止触电、坠落、灼伤等危险，保障工作人员安全的电工专用工具，包括绝缘杆、绝缘夹钳、绝缘手套、绝缘靴、安全腰带、低压试电笔、高压验电器、临时接地线、标示牌等。

（7）加强检修安全制度。为了保证检修工作的安全，应当建立和执行各项检修制度。常见的检修安全制度有工作票制度、操作票制度、工作许可制度、工作监督制度等。

（8）普及安全用电知识，使用户和广大群众都能了解安全用电的基本常识。

9.2 过电压与防雷

9.2.1 过电压的形式

电力系统在运行中，由于雷击、误操作、故障、谐振等原因引起的电气设备电压高于其额定电压的现象称为过电压。过电压按其产生的原因不同，可分为内部过电压和外部过电压两大类。

1. 内部过电压

内部过电压又分为操作过电压和谐振过电压等形式。对于因开关操作、负荷剧变、系统故障等原因引起的过电压，称为操作过电压；对于系统中因电感、电容等参数在特殊情况下发生谐振而引起的过电压，称为谐振过电压。根据运行经验和理论分析表明，内部过电压一般不超过电气设备额定电压的 3.5 倍。内部过电压对电力系统的危害不大，可以从提高电气设备自身的绝缘强度来进行防护。

2. 外部过电压

外部过电压又称雷电过电压或大气过电压，它是由于电力系统的导线或电气设备受到直接雷击或雷电感应而引起的过电压。雷电过电压所形成的雷电流及其冲击电压可高达几十万安和一亿伏，对电力系统的破坏性极大，必须加以防护。

9.2.2 雷电的基本知识

1. 雷电现象

雷云（即带电的云块）放电的过程称为雷电现象。当雷云中的电荷聚集到一定程度时，周围空气的绝缘性能被破坏，正、负雷云之间或雷云对地之间会发生强烈的放电现象。其中，雷云的对地放电（直接雷击）对地面的电力线路和建筑物破坏性较大，必须掌握其活动规律，采取严密的防护措施。

雷云的电位比大地的电位高得多，由于静电感应使大地感应出大量异性电荷，因此两者组成一个巨大的电容器。雷云中的电荷分布是不均匀的，常常形成多个电荷聚集中心。当雷云中电荷密集处的电场强度超过空气的绝缘强度（$30kV/cm^2$）时，该处的空气被击穿，形成一个导电通道，称为雷电先导或雷电先驱。当雷电先导离地面 $100\sim300m$ 时，地面上感应出来的异性电荷也相对集中，特别是易于聚集在地面上较高的突出物上，于是形成了迎雷先导。迎雷先导和雷电先导在空中相互靠近，当二者接触时，正、负电荷强烈中和，产生强大的雷电流并伴有雷鸣和闪光，这就是雷电的主放电阶段，该阶段持续时间很短，一般约为 $50\sim100\mu s$。主放电阶段过后，雷云中的剩余电荷沿主放电通道继续流向大地，该阶段称为放电的余晖阶段，持续时间约为 0.03～0.15s，但电流较小，通常为几百安。

2. 雷电流的特性

雷电流是一个幅值很大、陡度很大的冲击波电流，用快速电子示波器测得的雷电流波形图如图 9-2 所示。雷电流从零上升到最大幅值所经历的时间称为波头，一般只有 1～4μs；雷电流从最大幅值开始下降到二分之一幅值所经历的时间称为波尾，数十微秒。图 9-2 中 I_m 是雷电流的幅值，其大小与雷云中的电荷量及雷云放电通道的阻抗（波阻抗）有关。

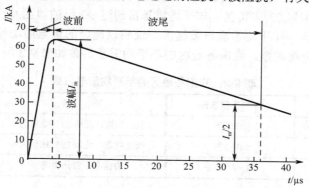

图 9-2 雷电流波形图

雷电流的陡度 α 用雷电流在波头部分上升的速度来表示，即 $\alpha = \mathrm{d}i/\mathrm{d}t$。雷电流的陡度可能达到 50kA/μs 以上。一般来说，雷电流幅值越大，雷电流陡度越大，产生的过电压（$u = L\mathrm{d}i/\mathrm{d}t$）越高，对电气设备绝缘的破坏性越严重。因此，如何降低雷电流陡度是防雷设计的核心问题。

3. 雷电过电压的基本形式

（1）直击雷过电压（直击雷）。雷电直接击中电气设备、线路、建筑物等物体时，其过电压引起的强大雷电流通过这些物体放电入地，从而产生破坏性很大的热效应和机械效应。这种雷电过电压称为直击雷过电压。

（2）感应过电压（感应雷）。雷电未直接击中电气设备或其他物体，而是由雷电对线路、设备或其他物体的静电感应或电磁感应而引起的过电压。这种雷电过电压称为感应过电压。

架空线路上的感应过电压的形成如图 9-3 所示。当雷云出现在架空线路（或其他物体）上方时，由于静电感应，线路上积聚了大量异性的束缚电荷，如图 9-3(a)所示。当雷云对地或对其他雷云放电后，线路上的束缚电荷被释放，形成自由电荷流向线路两端，产生很高的过电压，如图 9-3(b)所示。高压线路的感应过电压可高达几十万伏，低压线路的感应过电压也可达几万伏，感应过电压对电力系统的危害很大。

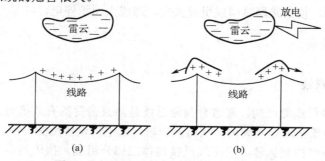

图 9-3 架空线路上的感应过电压的形成

（3）雷电波侵入。架空线路遭到直接雷击或感应过电压而产生的高电位雷电波，可能沿架空线侵入变电所或其他建筑物而造成危害。这种雷过电压形式称为雷电波侵入。据统计，这种雷电波侵入占电力系统雷电事故的 50%～70% 以上，因此对这类事故的防护应予以足够的重视。

4．雷电活动强度及直击雷的规律

雷电活动的频繁程度通常用年平均雷暴日数来表示。只要一天中出现过雷电活动（包括看到雷闪和听到雷声）就算一个雷暴日。我国规定年平均雷暴日不足 15 日的地区为少雷区；年平均雷暴日超过 40 日的地区为多雷区；年平均雷暴日超过 90 日的地区及雷害特别严重的地区为雷电活动特别强烈地区。年平均雷暴日数越多，说明该地区的雷电活动越频繁，因此防雷要求也越高，防雷措施就更需加强。我国各地区的年平均雷暴日数如表 9-2 所示。

表 9-2　我国各地区的年平均雷暴日数

地　　区	年平均雷暴日	地　　区	年平均雷暴日
西北地区	20 以下	长江以南，北纬 23°线以北	40～80 左右
东北地区	30 左右	长江以南，北纬 23°线以南	80 以上
华北和中部地区	40～45 左右	海南岛、雷州半岛	120～130 左右

表 9-2 说明，雷电活动的强度因地区而异。雷电活动的规律大致为：热而潮湿的地区比冷而干燥的地区雷暴日多，且雷暴日数山区大于平原，平原大于沙漠，陆地大于海洋。此外，在同一地区内，雷电活动也有一定的选择性，雷击区的形成与地质结构（即土壤电阻率）、地面上的设施情况及地理条件等因素有关。一般而言，土壤电阻率小的地方易遭受雷击；在不同电阻率的土壤交界处易遭受雷击；山的东坡、南坡较山的北坡、西坡易遭受雷击；山丘地区易遭受雷击等。

建筑物的雷击部位与建筑物的高度、长度及屋顶坡度等因素有关，其大致规律为：建筑物的屋角和檐角雷击率最高；屋顶的坡度越大，屋脊的雷击率也越高，当坡度大于 40°时，屋檐一般不会再受雷击；当屋顶坡度小于 27°、长度小于 30m 时，雷击点多发生在墙面，而屋脊和屋檐一般不会再受雷击。此外，旷野中的孤立建筑物和建筑群中的高耸建筑物易遭受雷击；屋顶为金属结构、地下埋有金属矿物的地带及变电所、架空线路等易遭受雷击。

5．雷电的危害

雷电的破坏作用主要是由雷电流引起的。它的危害主要表现在：雷电流的热效应可烧断导线和烧毁电力设备；雷电流的机械效应产生的电动力可摧毁设备、杆塔和建筑，伤害人畜；雷电流的电磁效应可产生过电压，击穿电气绝缘，甚至引起火灾爆炸，造成人身伤亡；雷电的闪络放电可烧坏绝缘子，使断路器跳闸或引起火灾，造成大面积停电。

9.2.3　防雷设备

1．避雷针和避雷线

（1）避雷针与避雷线的结构。避雷针与避雷线是防直击雷的有效措施。避雷针能将雷电吸引到自身然后将雷电安全地导入大地，从而保护附近的电气设备免受雷击。

一个完整的避雷针由接闪器、引下线及接地体三部分组成。接闪器是专门用来接受雷云放电的金属物体。不同的接闪器可组成不同的防雷设备，若接闪器是金属杆材质的，则称为避雷针；若接闪器是金属线材质的，则称为避雷线或架空地线；若接闪器是金属带、金属网材质的，则称为避雷带、避雷网。

接闪器是避雷针的最重要部分，一般采用直径为 10～20mm、长为 1～2m 的圆钢，或采用直径不小于 25mm 的镀锌金属管。避雷线采用截面不小于 35mm² 的镀锌钢绞线。引下线是接闪器与接地体之间的连接线，将由接闪器引来的雷电流安全地通过其自身并由接地体导入大地，所以应保证雷电流通过时引下线不会熔化。引下线一般采用直径为 8mm 的圆钢或截面不小于 25mm² 的镀锌钢绞线。若避雷针的本体采用钢管或铁塔形式，则可以利用其本体作为引下线，还可以利用非预应力钢筋混凝土杆的钢筋作为引下线。接地体是避雷针的地下部分，其作用是将雷电流顺利地泄入大地。接地体常用多根长 2.5m，50mm×50mm×5mm 的角钢或多根直径为 50mm 的镀锌钢管打入地下，并用镀锌扁钢将其连接起来。接地体的效果和作用可用冲击接地电阻的大小表达，其值越小越好。冲击接地电阻 R_{sh} 与工频接地电阻 R_E 的关系为 $R_{sh} = \alpha_{sh} R_E$，其中 α_{sh} 为冲击系数。冲击系数 α_{sh} 一般小于 1，只有接地体水平敷设且接地体较长时，α_{sh} 才大于 1。各种防雷设备的冲击接地电阻值均有规定，如独立避雷针或避雷线的冲击接地电阻应不大于 10Ω。

（2）避雷针与避雷线的保护范围。保护范围是指被保护物在此空间内不会遭受雷击的立体区域。保护范围的大小与避雷针（线）的高度有关。

① 单支避雷针的保护范围。我国过去的防雷设计规范或过电压保护设计规范对避雷针和避雷线的保护范围都是按折线法来确定的，而现行国家标准 GB 50057—2010《建筑物防雷设计规范》规定采用 IEC 推荐的滚球法来确定。

所谓滚球法就是选择一个半径为 h_r（滚球半径）的球体，按需要防护直击雷。若球体只接触到避雷针（线）或避雷针与地面，而不触及其他需要保护的部位，则该滚动部位就在避雷针的保护范围内。

按 GB 50057—2010《建筑物防雷设计规范》规定，单支避雷针的保护范围应按下列方法确定，如图 9-4 所示。

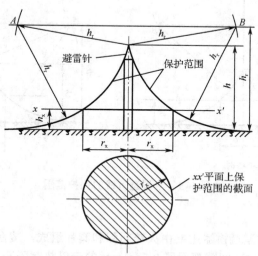

图 9-4　单支避雷针的保护范围

第一种情况：避雷针高度 $h \le h_r$。

a．在距地面 h_r 处作一条平行于地面的平行线。

b．以避雷针的针尖为圆心，h_r 为半径，作弧线交于平行线的 A、B 两点。

c．分别以 A、B 为圆心，h_r 为半径作弧线，该弧线与针尖相交并与地面相切。从此弧线起到地面上的整个锥形空间就是避雷针的保护范围。

d．避雷针在被保护高度 h_x 的 xx' 平面上的保护半径，按下式计算：

$$r_x = \sqrt{h(2h_r - h)} - \sqrt{h_x(2h_x - h_x)}$$

式中，h_r 为滚球半径。

e．避雷针在地面上的保护半径，按下式计算：

$$r_0 = \sqrt{h(2h_r - h)}$$

第二种情况：避雷针高度 $h > h_r$。在避雷针上取高度 h_r 的一点代替单支避雷针的针尖作为圆心，其余的做法与上述 $h \leqslant h_r$ 时的做法相同。

② 避雷线的保护范围。避雷线的功能和原理与避雷针的功能和原理基本相同。单根避雷线的保护范围按 GB 50057—1994 规定：当避雷线高度 $h \geqslant 2h_r$ 时，无保护范围。当避雷线的高度 $h < 2h_r$ 时，应按下列方法确定保护范围，如图 9-5 所示。

a．距地面 h_r 处作一条平行于地面的平行线。

b．以避雷线为圆心，h_r 为半径，作弧线交于平行线的 A、B 两点。

c．以 A、B 为圆心，h_r 为半径作弧线，这两个弧线相交或相切，并与地面相切。从此弧线起到地面上的整个锥形空间就是避雷针的保护范围。

d．当 $2h_r > h > h_r$ 时，保护范围最高点的高度为 h_0，按下式计算：

$$h_0 = 2h_r - h$$

e．避雷针在 h_0 高度的 xx' 平面上的保护宽度 b_x，按下式计算：

$$b_x = \sqrt{h(2h_r - h)} - \sqrt{h_x(2h_r - h_x)}$$

其中，h_x 为被保护物的高度，h 为避雷线的高度。

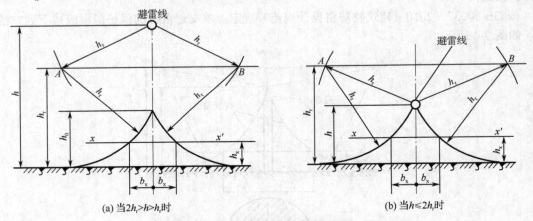

(a) 当 $2h_r > h > h_r$ 时 　　　　　　　　　　(b) 当 $h \leqslant 2h_r$ 时

图 9-5　单根避雷线的保护范围

2. 避雷器

（1）阀型避雷器。阀型避雷器主要由火花间隙和阀片组成，装在密封的瓷套管内。火花间隙用铜片冲制而成，每对火花间隙都用厚 0.5～1mm 的云母垫圈隔开，如图 9-6(a) 所示。正常情况下，火花间隙能阻断工频电流通过，但在雷电过电压作用下，火花间隙会被击穿放电。阀片是用陶料粘固的电工用金刚砂（碳化硅）颗粒制成的，如图 9-6(b) 所示，这种阀片具有非线性电阻特性。正常电压时，阀片电阻很大，而过电压时，阀片电阻则变得很小，如图 9-6(c) 的阀片电阻特性曲线所示。当阀式避雷器在线路上出现雷电过电压时，其火花间隙被击穿，阀片电阻变得很小，能使雷电流顺畅地向大地泄放。当雷电过电压消失、线路上恢复工频电压时，阀片电阻又变得很大，使火花间隙的电弧熄灭、绝缘恢复而切断工频续流，从而恢复线路的正常运行。

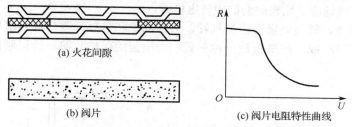

(a) 火花间隙

(b) 阀片

(c) 阀片电阻特性曲线

图 9-6 阀式避雷器的组成部件及其特性曲线

　　阀式避雷器中火花间隙和阀片的多少与其工作电压成比例。高压阀式避雷器串联很多单元火花间隙，目的是将长弧分割成多段短弧，以加速电弧的熄灭。阀电阻的限流作用是加速电弧熄灭的主要因素。图 9-7(a) 和图 9-7(b) 分别是 FS4-10 型高压阀式避雷器和 FS-0.38 型低压阀式避雷器的结构图。

　　普通阀式避雷器除上述 FS 型外，还有一种 FZ 型。FZ 型避雷器内的火花间隙旁边并联有一串分流电阻。这些并联电阻主要起均压作用，使与之并联的火花间隙上的电压分布比较均匀。火花间隙未并联电阻时，由于各火花间隙对地和对高压端都存在着不同的杂散电容，因此，各火花间隙的电压分布也不均匀，这就使得某些电压较高的火花间隙容易被击穿重燃，导致其他火花间隙也相继重燃而难以熄灭，使工频放电电压降低。火花间隙并联电阻后，相当于增加了一条分流支路。在工频电压作用下，通过并联电阻的电导电流远大于通过火花间隙的电容电流，这时火花间隙上的电压分布主要取决于并联电阻的电压分布。由于各火花间隙的并联电阻是相等的，因此，各火花间隙上的电压分布也相应地比较均匀，从而大大改善了阀式避雷器的保护特性。FS 型阀式避雷器主要用于中、小型变配电所，FZ 型阀式避雷器主要用于发电厂和大型变配电站。

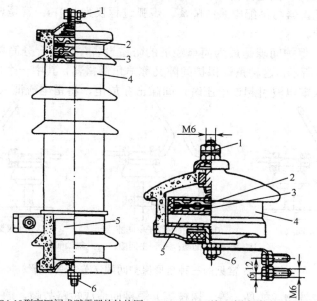

(a) FS4-10型高压阀式避雷器的结构图　　(b) FS-0.38型低压阀式避雷器的结构图

注：1—上接线端子；2—火花间隙；3—云母垫圈；4—瓷套管；5—阀电阻片；6—下接线端子

图 9-7 高、低压普通阀式避雷器结构图

阀式避雷器除上述两种普通型避雷器外，还有一种磁吹型避雷器，其内部附有磁吹装置来加速火花间隙中电弧的熄灭，从而进一步提升其保护性能，并且可以降低残压。磁吹型避雷器专门用来保护重要而绝缘又比较薄弱的旋转电机等。

（2）管型避雷器。管型避雷器由产气管、内部间隙和外部间隙三部分组成。而产气管由纤维、有机玻璃或塑料组成。产气管是一种灭弧能力很强的保护间隙。管型避雷器结构示意图如图9-8所示。

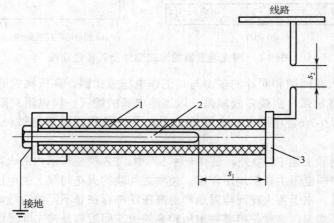

注：1—产气管；2—内部棒形电极；3—环形电极；s_1—内部间隙；s_2—外部间隙

图9-8　管型避雷器结构示意图

当沿线侵入的雷电波幅值超过管型避雷器的击穿电压时，内、外间隙同时放电，内部间隙的放电电弧使管内温度迅速升高，管内壁的纤维质分解出大量高压气体，由环形电极端面的管口喷出，形成强烈纵吹，使电弧在电流第一次过零时就熄灭。这时外部间隙的空气迅速恢复了正常绝缘，使管型避雷器与供配电系统隔离，熄弧过程仅为0.01s。管型避雷器主要用于变电所进线线路的过压保护。

（3）保护间隙。保护间隙是最为简单经济的防雷设备，结构十分简单。常见的三种角形保护间隙结构如图9-9所示。这种角形保护间隙又称羊角避雷器，其中一个电极接线路，另一个电极接地。当线路侵入雷电波引起过电压时，间隙击穿放电，将雷电流泄入大地。

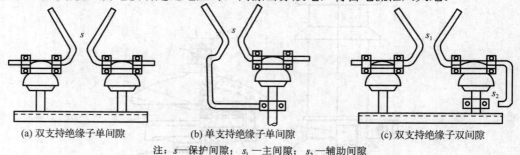

(a) 双支持绝缘子单间隙　　　　(b) 单支持绝缘子单间隙　　　　(c) 双支持绝缘子双间隙

注：s—保护间隙；s_1—主间隙；s_2—辅助间隙

图9-9　常见的三种角形保护间隙（羊角避雷器）

为了防止间隙被外物（如鸟、兽、树枝等）短接而造成短路故障，通常在其接地引下线中还串接一个辅助间隙 s_2，如图9-9(c)所示。这样即使主间隙被物体短接，也不会造成接地短路。

保护间隙多用于线路上，由于它的保护性能差，灭弧能力弱，因此，保护间隙只用于室外且负荷不重要的线路上。

（4）金属氧化物避雷器。金属氧化物避雷器又称为压敏避雷器，是一种新型避雷器，这种避雷器的阀片以氧化锌为主要原料，敷以少量能产生非线性特性的金属氧化物，经高温焙烧而成。氧化锌阀片具有较理想的伏安特性，其非线性系数很小，约为 $0.01\sim0.04$。当作用在氧化锌阀片上的电压超过某个值（此值称为动作电压）时，阀片将发生导通，而后在阀片上的残压与流过其本身的电流基本无关。在工频电压下，阀片呈现极大的电阻，能迅速抑制工频续流，因此不需串联火花间隙来熄灭工频续流引起的电弧。因为阀片通流能力强，所以其面积可减小。这种避雷器具有无间隙、无续流、体积小和重量轻等优点，是一种很有发展前途的避雷器。

9.2.4 防雷措施

雷电能产生很高的电压，这种高电压加在电气设备上，若不预先采取防护措施，则会击穿电气设备的绝缘，造成严重停电和设备损坏等事故。因而采取完善的防雷措施以减少雷害事故的发生是很重要的。防雷的基本方法有两种：一种是使用避雷针、避雷线和避雷器等防雷设备，把雷电通过自身引向大地，以削弱其破坏力；另一种是要求各种电气设备具有一定的绝缘水平，以提高其抵抗雷电破坏的能力。两者如能恰当地结合起来，并根据被保护设备的具体情况采取适当的保护措施，就可以防止或减少雷电造成的损害，达到安全、可靠供电的目的。

1. 架空线路的防雷保护

由于架空线路直接暴露于旷野中，并且距离地面较高，分布很广，因此最容易遭受雷击。所以，对架空线路必须采取保护，具体的保护措施如下。

（1）装设避雷线。最有效的保护是在电杆（或铁塔）的顶部装设避雷线，用接地线将避雷线与接地装置连接在一起，使雷电流经接地装置流入大地，以达到防雷的目的。线路电压越高，采用避雷线的效果越好，而且避雷线在线路造价中所占比重也越低。因此，110kV 及以上的钢筋混凝土电杆或铁塔线路，应沿全线装设避雷线。35kV 及以下的线路是不沿全线装设避雷线的，而是在进出变电所 $1\sim2$km 范围内装设避雷线，并在避雷线两端各安装一组管形避雷器，以保护变电所的电气设备。

（2）装设管型避雷器或保护间隙。当线路遭受雷击时，外部和内部间隙都被击穿，把雷电流引入大地，此时相当于导线对地短路。在选用管型避雷器时，应注意除其额定电压要与线路的电压相符外，还要核算安装处的短路电流是否在额定断流范围内。若短路电流比额定断流电流的上限值大，则避雷器不能正常灭弧。

在 $3\sim60$kV 线路上，有个别绝缘较弱的地方，如大跨越挡的高电杆，木杆、木横担线路中夹杂的个别铁塔及铁横担混凝土杆，耐雷击较差的换位杆和线路交叉部分及线路上电缆头、开关等处。对全线来说，它们的绝缘水平较低，这些地方一旦遭受雷击容易造成短路。因此对这些地方要用管型避雷器或保护间隙加以保护。

（3）提高线路绝缘性。在 $3\sim10$kV 的线路中采用瓷横担绝缘子，瓷横担绝缘子比铁横担线路的绝缘、耐雷水平高得多，当线路遭受雷击时，采用瓷横担绝缘子的线路可以降低发展成相间闪络的可能性。

木质的电杆和横担使线路的相间绝缘水平和对地绝缘水平都提高，因此不易发生闪络。运行经验证明，对于电压较低的线路，木质电杆对其减少雷害事故有显著的作用。

近几年来，$3\sim10$kV 线路多用钢筋混凝土电杆，且采用铁横担。这种线路采用木横担可以减少雷害事故，但木横担由于防腐性能差，使用寿命不长，因此木横担仅在重雷区使用。

（4）线路交叉部分的保护。两条线路交叉时，若其中一条线路受到雷击，则可能将交叉处的空气间隙击穿，使另一条线路同时遭到雷击。因此，在保证线路绝缘的情况下，还要采取相关措施。

各级线路相互交叉时的最小交叉距离应不小于表 9-3 的规定。

表 9-3　各级线路相互交叉时的最小交叉距离

电压/kV	0.5 及以下	3～10	20～35
交叉距离/m	1	2	3

除满足最小距离外，交叉挡的两端电杆还应采取下列保护措施。

① 交叉挡两端的铁塔及电杆不论有无避雷线都必须接地。对于木杆线路，必要时应装设管型避雷器或保护间隙。

② 高压线路和木杆的低压线路或通信线路交叉时，应在低压线路或通信线路交叉挡的木杆上装设保护间隙。

2．变配电所的防雷保护

变配电所内有很多电气设备（如变压器等）的绝缘水平远比电力线路的绝缘水平低，并且变配电所又是电网的枢纽，所以一旦发生雷害事故，则将会造成很大损失，因此必须采取防雷措施。

（1）装设避雷针防止直击雷。避雷针分为独立避雷针和构架避雷针两种。独立避雷针和接地装置一般是独立的；构架避雷针是装设在构架上或厂房上的，其接地装置与构架或厂房的地面相连，因此与电气设备的外壳也连接在一起。

变配电所对直击雷的防护措施是一般装设独立避雷针，使电气设备全部处于避雷针的保护范围内。装设避雷针的注意事项如下。

① 从避雷针引下线的入地点到主变压器接地线的入地点，沿接地体的距离不应小于 15m，以防避雷针放电时，反向击穿变压器的低压绕组。

② 应防止雷击避雷针，雷电波沿电线传入室内，危及人身安全。另外，照明线或电话线不要架设在独立避雷针上。

③ 独立避雷针及其接地装置不应装设在工作人员经常通行的地方，并应与人行道路保持不小于 3m 的距离，否则采取均压措施，或敷设厚度为 50～80mm 的沥青加碎石层。

（2）对沿线侵入雷电波的保护。为了防止变配电所电气设备受到由沿线路侵入雷电波的损害，主要依靠阀型避雷器来保护。阀型避雷器有两点局限性：一是侵入雷电流的幅值不能太大；二是侵入雷电流的陡度不能太大。

3．配电设备的保护

（1）配电变压器及柱上油开关的保护。3～35kV 配电变压器一般采用阀型避雷器保护，避雷器应装在高压熔断器的后面。在缺少阀型避雷器时，可利用保护间隙进行保护，这时应尽可能采用自动重合熔断器。

为了提高保护的效果，防雷保护设备应尽可能靠近变压器安装。避雷器或保护间隙的接地线应与变压器的外壳及变压器低压侧中性点连在一起共同接地。其接地电阻值为：对 100kV·A 及以上的变压器，应不大于 4Ω；对小于 100kV·A 的变压器，应不大于 10Ω。

为了防止避雷器流过冲击电流，在接地电阻上产生的电压降沿低压零线侵入用户，应在变压器两侧相邻电杆上将低压零线进行重复接地。

柱上油开关可用阀型避雷器或管型避雷器来保护。对于经常闭路运行的柱上油开关，可只在电源侧安装避雷器。对于经常开路运行的柱上油开关，应在其两侧都安装避雷器，并且其接地线应和开关的外壳连在一起而共同接地，其接地电阻一般不应大于10Ω。

（2）低压线路的保护。低压线路的保护是将靠近建筑物的一根电杆上的绝缘子铁脚接地。这样当雷击低压线路时，可以向绝缘子铁脚放电，把雷电流泄入大地，起到保护作用。其接地电阻一般不应大于30Ω。

9.3 电气装置的接地

9.3.1 接地的有关概念

在供配电系统中，为了保证电气设备的正常工作或防止人身触电，而将电气设备的某部分与大地进行良好的电气连接，这就是接地的概念。

1. 接地装置

接地装置是由接地体和接地线两部分构成的。与土壤直接接触的金属物体，称为接地体或接地极；而由若干接地体在大地中相互连接而构成的总体，称为接地网；连接于接地体和设备接地部分之间的金属导线，称为接地线。接地装置示意图如图9-10所示。

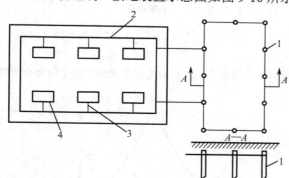

注：1—接地体；2—接地干线；3—接地支线；4—电气设备

图 9-10　接地装置示意图

2. 接地电流与对地电压

当电气设备发生接地时，电流通过接地体向大地做半球形散开，该电流称为接地电流，用 I_E 表示。半球形的散流面在距接地体越远处其表面积越大，散流的电流密度越小，地表电位也就越低，电位和距离呈双曲线函数关系，该曲线称为对地电压分布曲线，如图9-11所示。试验表明，在距接地点20m左右的地方，地表电位已趋近于零，把这个电位为零的地方称为电气的"地"。由图9-11可知，接地体的电位最高，它与零电位的"地"之间的电位差，称为对地电压，用 U_E 表示。

3. 接触电压和跨步电压

电气设备的外壳一般都与接地体相连，在正常情况下，电气设备的外壳和大地同为零电位。但当设备发生接地故障时，有接地电流流入大地，并在接地体周围地表形成对地电位分布，此时，若有人接触设备的外壳，则人所接触的两点（如手和脚）之间的电位差，称为接触电压，

用 U_{tou} 表示；若人在接地体 20m 范围内走动，由于两脚之间有 0.8m 左右距离，因此承受了电位差，该电位差称为跨步电压，用 U_{step} 表示，接触电压与跨步电压的相关表示如图 9-12 所示。

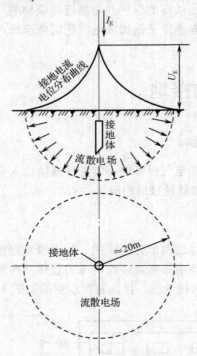

图 9-11 接地电流、对地电压及接地电流电位分布曲线

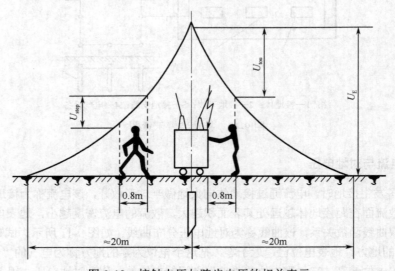

图 9-12 接触电压与跨步电压的相关表示

由图 9-12 可知，对地电位分布越陡，接触电压和跨步电压越大。为了将接触电压和跨步电压限制在安全电压范围内，通常采取减小接地电阻，钉入接地均压网和埋设均压带等措施，以降低电位分布陡度。

9.3.2 电气设备的接地

电气设备的接地按其作用的不同可分为工作接地和保护接地两大类。此外，还有为进一步保证保护接地的重复接地。

1. 工作接地

为了保证电气设备的可靠运行，在电气回路中的某个点必须接地，称为工作接地，如防雷设备的接地及变压器和发电机中性点接地都属于工作接地。

2. 保护接地

将电气设备上与带电部分绝缘的金属外壳与接地体相连接，这样可以防止因绝缘损坏而遭受触电的危险，这种保护工作人员的接地措施称为保护接地。如变压器、电动机和家用电器的外壳接地等都属于保护接地。

保护接地的类型有两种：一种是设备的金属外壳经各自的 PE 线分别直接接地，即 IT 系统的接地，多适用于工厂高压系统或中性点不接地的低压三相三线制系统；另一种是设备的金属外壳经公共的 PE 线或 PEN 线接地（即所谓的保护接零），该接地多用于中性点接地的低压三相四线制系统（又可分为 TN 系统和 TT 系统两种）。

低压配电系统按接地形式，分为 TN 系统、TT 系统和 IT 系统。

（1）TN 系统。TN 系统的中性点直接接地，所有设备的外露可导电部分均接公共的保护线（PE 线）或公共的保护中性线（PEN 线）。这种接公共 PE 线或 PEN 线的方式，统称接零。TN系统又分为 TN-C 系统、TN-S 系统和 TN-C-S 系统，如图 9-13 所示。

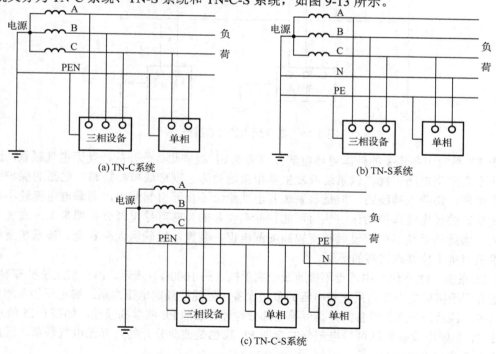

(a) TN-C系统

(b) TN-S系统

(c) TN-C-S系统

图 9-13　低压配电的 TN 系统

① TN-C 系统。该系统的 N 线与 PE 线全部合并为一根 PEN 线（见图 9-13(a)）。PEN 线中

可有电流流过，因此对接 PEN 线的设备相互间会产生电磁干扰。若 PEN 线断线，则可使断线后面接 PEN 线的设备外露，进而可导电部分带电，造成人身触电危险。该系统由于 PE 线与 N 线合为一根 PEN 线，从而节约了有色金属的使用量和成本。该系统在发生单相接地故障时，线路的保护装置应该动作，切除故障线路。TN-C 系统在我国低压配电系统中应用最为普遍，但不适用于对人身安全和抗电磁干扰要求高的场所。

② TN-S 系统。该系统的 N 线与 PE 线全部分开，设备的外露可导电部分均接 PE 线（见图 9-13(b)。由于 PE 线中没有电流流过，因此设备之间不会产生电磁干扰。PE 线断线时，正常情况下，也不会使断线后面接 PE 线的设备外露，进而导电部分带电，但在断线后面有设备发生一相接壳故障时，将使断线后面其他所有接 PE 线的设备外露，进而可导电部分带电，而造成人身触电危险。该系统在发生单相接地故障时，线路的保护装置应该动作，切除故障线路。该系统在有色金属消耗量和投资方面较 TN-C 系统有所增加。TN-S 系统现在广泛用于对安全要求较高的场所（如浴室和居民住宅等），以及对抗电磁干扰要求高的数据处理和精密检测等实验场所。

③ TN-C-S 系统。系统的前一部分全部为 TN-C 系统，而后一部分为 TN-C 系统，另一部分则为 TN-S 系统，其中设备的外露可导电部分接 PEN 线或 PE 线（见图 9-13(c)。该系统综合了 TN-C 系统和 TN-S 系统的特点，对安全要求和对抗电磁干扰要求高的场所采用 TN-S 系统，而其他一般场所则采用 TN-C 系统。

（2）TT 系统。该系统的中性点直接接地，而其中设备的外露可导电部分均各自经 PE 线单独接地，如图 9-14 所示。

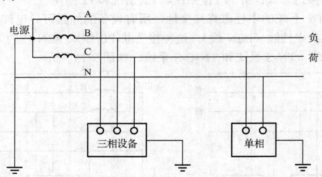

图 9-14　低压配电的 TT 系统

由于 TT 系统中各设备的外露可导电部分的接地 PE 线彼此是分开的，互无电气联系，因此相互之间不会产生电磁干扰。该系统若发生单相接地故障，则形成单相短路，线路的保护装置应动作于跳闸，切除故障线路。但是该系统若出现绝缘不良而引起漏电，则漏电电流较小可能不足以使线路的过电流保护动作，从而可能使漏电设备的外露可导电部分长期带电，增加了触电的危险。因此该系统必须装设灵敏度较高的漏电保护装置，以确保人身安全。该系统适用于安全要求及对抗干扰要求较高的场所。

（3）IT 系统。IT 系统的中性点不接地或经高阻抗（约 1000Ω）接地。由于该系统没有 N 线，因此不适合用于接额定电压为系统相电压的单相设备，只能接额定电压为系统线电压的单相设备和三相设备。该系统中所有设备的外露可导电部分均经各自的 PE 线单独接地，如图 9-15 所示。

由于 IT 系统中设备外露可导电部分的接地 PE 线也是彼此分开的，互无电气联系，因此相互之间也不会产生电磁干扰。

由于 IT 系统中性点不接地或经高阻抗接地，因此当系统发生单相接地故障时，三相设备及接线电压的单相设备仍能正常运行。但是在发生单相接地故障时，应发出报警信号，以便值班人员及时处理故障。

IT 系统主要用于对连续供电要求较高及有易燃、易爆危险的场所，特别是矿山、井下等场所。

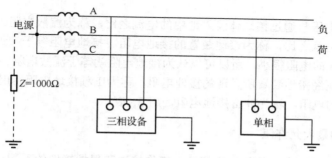

图 9-15　低压配电的 IT 系统

3. 重复接地

在电源中性点直接接地的 TN 系统中，为了减轻 PE 线或 PEN 线断线时的危险程度，除将电源中性点接地外，还在 PE 线或 PEN 线上的一处或多处再次接地，称为重复接地。重复接地一般在以下场所进行。

（1）架空线路的干线和支线终端及沿线每一千米处。

（2）电缆和架空线在引入车间或建筑物之前。

在中性点直接接地的 TN 系统中，当 PE 线或 PEN 线断线而且断线处的后面有设备因碰壳而漏电时，在断线处之前的设备外壳对地电压接近于零；而在断线处的后面设备的外壳上都存在着接近于相电压的对地电压，即 $U_E \approx U_\varphi$，如图 9-16(a)所示，这是相当危险的。进行重复接地后，在发生同样故障时，断线处的设备外壳对地电压（等于 PE 线或 PEN 线上的对地电压）为 $U'_E = I_E R'_E$。而在断线处之前的设备外壳对地电压为 $U = I_E R_E$，如图 9-16(b)所示。当 $R_E = R'_E$ 时，断线前、后的设备外壳对地电压均为 $U_\varphi/2$，危险程度大大降低。但是实际上由于 $R'_E > R_E$，因此断线处后面的设备外壳 $U'_E > U_\varphi/2$，对人身仍构成危险，因此应尽量避免 PE 线或 PEN 线的断线故障。施工时，一定要保证 PE 线和 PEN 线的安装质量。在运行过程中，应注意对 PE 线和 PEN 线状况的检查，不允许在 PE 线和 PEN 线上装设开关和熔断器。

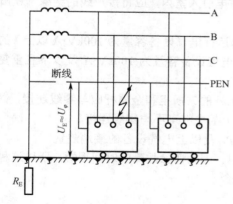
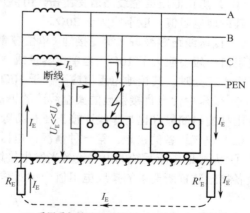

(a) 没有重复接地的系统中，PE线或PEN线断线时　　　　(b) 采用重复接地的系统中，PE线或PEN线断线时

图 9-16　重复接地功能说明示意图

9.3.3 接地电阻和接地装置的装设

1．接地电阻

接地体的对地电压与通过接地体流入地中的电流之比，称为流散电阻。电气设备接地部分的对地电压与接地电流之比，称为接地装置的接地电阻。接地电阻等于接地线的电阻与流散电阻之和。因为接地线的电阻很小，所以可以认为接地电阻就等于流散电阻。

工频接地电流流经接地装置所呈现的接地电阻，称为工频接地电阻，用 R_E 表示；雷电流流经接地装置所呈现的电阻，称为冲击接地电阻，用 R_{sh} 表示。

2．接地电阻的最大允许值

根据变配电所和输配电线路的防雷接地、工作接地和保护接地的不同用途，电压大小和设备容量等因素，对其接地电阻值都有相应的要求。

（1）架空线路的接地。

① 35kV 及以上有避雷线的架空线路的接地装置在雷雨季节，当土壤干燥且不连接避雷器时，其接地电阻值不应超过表 9-4 中所列的数值。

表 9-4　35kV 及以上架空线路接地装置的接地电阻值

接地装置在不同土壤电阻率的使用条件/（Ω·m）	工频接地电阻值/Ω
100 及以下	10
100 以上至 500	15
500 以上至 1000	20
1000 以上至 2000	25
2000 以上	30

② 35kV 及以上小接地电流系统中，无避雷线线路的钢筋混凝土杆、金属杆及木杆线路中铁横担接地的接地电阻值，当年平均雷暴日在 40 以上地区，接地电阻值一般不应超过 30Ω。

③ 3kV 及以上无避雷线的小接地电流系统，居民区的钢筋混凝土杆、金属杆应接地，其接地电阻值一般不超过 30Ω。

④ 为防止低压架空线路遭受雷击，由接户线将雷电引入室内，应将接户线的绝缘子铁脚接地，其接地电阻值一般不应大于 30Ω。

⑤ 低压线路零线每次重复接地（单位容量或并列运行电气设备容量为 100kV·A 以上）的接地电阻值一般不应大于 10Ω；当单位容量或并列运行电气设备容量为 100kV·A 及以下且重复接地不少于三处时，其接地电阻值应不大于 30Ω。

⑥ 低压中性点直接接地的架空线路的钢筋混凝土杆的铁横担和金属杆应与零线连接，钢筋混凝土杆的钢筋最好也与零线连接。在有沥青的路面上的电杆可不与零线连接。

（2）电气设备的接地。第一种情况：电压在 1000V 及以上电气设备的接地装置。

① 大接地电流系统的电气设备当发生接地故障时，因为切除故障的时间很短，所以这种电气设备接地装置所要求的接地电阻值一年四季均应符合

$$R_E \leqslant \frac{2000}{I_E}$$

当 $I_E > 4000A$ 时，可取 $R_E \leqslant 0.5\Omega$。式中，R_E 为考虑到季节变化的最大接地电阻（Ω）；I_E 为

计算用的接地短路电流（A）。

② 小接地电流的电气设备接地装置要求的接地电阻值主要是在发生接地故障时，接地电流在接地装置上所产生的电位不应超过安全值。若接地装置与电压为 1kV 以下的电气设备共用，则有

$$R_E \leqslant \frac{120}{I_E}$$

若接地装置仅用于电压为 1000V 以上的电气设备，则有

$$R_E \leqslant \frac{250}{I_E}$$

根据上述公式计算出来的接地电阻值一般不应大于 10Ω。在高土壤电阻率的地区，对变电所电气设备接地电阻值的要求不应超过 15Ω，其他电气设备不应超过 30Ω。

第二种情况：电压在 1000V 以下的电气设备的接地装置。这些设备主要是配电设备，对这种设备的接地，主要是为了保护人身安全，即在接地短路时，接地电流所引起的电位变化不应发生危险。

当配电变压器低压绕组间的绝缘损伤或高压导线落在低压导线上时，高压窜入低压绕组上而产生危险的高电位。因此，对于配电变压器，应该将低压绕组的中性点或一相直接接地，或者经击穿保护接地。为了防止危险的发生，规定低压接地装置接地电阻的要求值，如表 9-5 所示。

表 9-5　电气设备电压在 1000V 以下接地装置接地电阻的要求值

电力线路名称	接地装置特点	接地电阻值/Ω
中性点直接接地的电力线路	100kV·A 以上的变压器或发电机	$R_E \leqslant 4$
	100kV·A 及以下的变压器或发电机	$R_E \leqslant 10$
	电流、电压互感器二次绕组	$R_E \leqslant 10$
中性点不接地的电力线路	100kV·A 以上的变压器或发电机	$R_E \leqslant 4$
	100kV·A 及以下的变压器或发电机	$R_E \leqslant 10$

3. 接地装置的装设

（1）利用自然接地体。在设计和装设接地装置的接地体时，首先应充分利用自然接地体，以节省投资、节约钢材。若实地测量所利用的自然接地体电阻已能满足要求，并且这些自然接地体又能满足热稳定条件要求，则不必再装设人工接地体。

可作为自然接地体的有：① 敷设在地下的金属管道（管道内有易燃、易爆物除外）；② 建筑物、构筑物与地连接的金属结构；③ 有金属外皮的电缆；④ 钢筋混凝土建筑物、构筑物的基础等。

在利用自然接地体时，一定要保证良好的电气连接，在建筑物结合处，除已焊接者外，凡用螺栓或铆钉连接的设备都要采用跨接焊接方式，而且跨接线不得小于规定值的要求。若利用自然接地体不能满足要求，则应装设人工接地体。

（2）人工接地体的埋设。人工接地体有垂直埋设和水平埋设两种，如图 9-17 所示。

最常用的垂直接地体为直径 50mm、管壁厚不小于 3.5mm、长 2.5m 的镀锌钢管，其中一端打扁或削成尖形。对于较坚实的土壤，还应加装接地体管帽，在将接地体打入土中后可取下管帽，放在另一接地体端部，再打入土中，重复使用。对于特别坚实的土壤，接地体还要加装管帽，管帽打入地中不能再取出，因此管帽数目应与接地体数目相同。

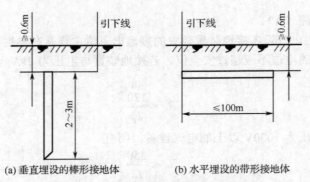

(a) 垂直埋设的棒形接地体　　　(b) 水平埋设的带形接地体

图 9-17　人工接地体的两种埋设方式

对于角钢接地体，一般采用 40mm×40mm×4mm 或 50mm×50mm×5mm 的角钢，且其长度为 2.5m，端部削尖，将其打入土中。

对于水平埋设的扁钢或圆钢等，要求扁钢的厚度不应小于 4mm，截面不应小于 48mm^2；圆钢的直径不应小于 8mm。

在埋设垂直接地体时，先挖一条地沟，然后将接地体打入土中。接地体上端应距离沟底 200mm 左右，以便连接和引出接地线。

9.3.4　低压配电系统的漏电保护和等电位连接

1. 低压配电系统的漏电保护原理

漏电断路器又称为漏电保护器，按工作原理分有电压动作型和电流动作型两种。图 9-18 是电流动作型漏电断路器工作原理示意图。

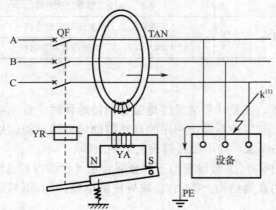

注：TAN—零序电流互感器；YA—极化电磁铁；QF—断路器；YR—自由脱扣机构

图 9-18　电流动作型漏电断路器工作原理示意图

设备正常运行时，穿过零序电流互感器 TAN 的三相电流相量和为零，零序电流互感器 TAN 二次侧不产生感应电动势，因此极化电磁铁 YA 的线圈中没有电流通过，其衔铁靠永久磁铁的磁力保持在吸合位置，使开关维持在合闸状态。当设备发生漏电或单相接地故障时，就有零序电流穿过零序电流互感器 TAN 的铁芯，使其二次侧感生电动势，于是极化电磁铁 YA 的线圈中有交流电流通过，从而使极化电磁铁 YA 的铁芯中产生交变磁通，与原有的永久磁通叠加，产生去磁作用，使其电磁吸力减小，衔铁被弹簧拉开，使自由脱扣机构 YR 动作，开关跳闸，从而切除故障电路，避免工作人员发生触电事故。

2．工厂供电系统的等电位连接

等电位连接是使电气设备各外露可导电部分和设备外可导电部分电位基本相等的一种电气连接。等电位连接的作用是降低接触电压，以保障工作人员安全。按 GB 50054—95《低压配电设计规范》规定：采用接地故障保护时，在建筑物内应进行总等电位连接，简称 MEB。当电气设备或某个部分的接地故障保护不能满足规定要求时，应在局部范围内进行局部等电位连接，简称 LEB。

（1）总等电位连接（MEB）。总等电位连接在建筑物进线处，将 PE 线或 PEN 线与电气设备接地干线、建筑物内的各种金属管道（如水管、煤气管、采暖空调管道等）及建筑物金属构件等都接向总等电位连接端子，使它们都具有基本相等的电位，如图 9-19 所示。

（2）局部等电位连接（LEB）。局部等电位连接又称辅助等电位连接，在远离总等电位连接处，非常潮湿、触电危险性大的局部地域内进行的等电位连接，作为总等电位连接的一种补充，如图 9-19 所示。通常在容易触电的浴室及安全要求极高的胸腔手术室等地宜采用局部等电位连接。

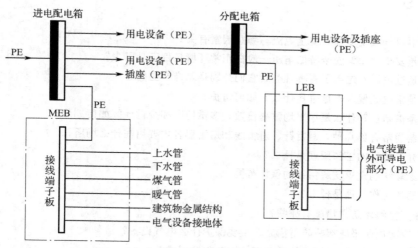

注：MEB—总等电位连接；LEB—局部等电位连接

图 9-19　总等电位连接与局部等电位连接

总等电位连接主母线的截面不应小于设备中最大 PE 线截面的一半，且不应小于 $6mm^2$。若主母线采用铜导线，则其截面可以不超过 $25mm^2$。若主母线为其他材质导线，则其截面应能承受与之相当的载流量。

连接两个外露可导电部分的局部等电位线的截面应不小于接至该两个外露可导电部分的较小 PE 线的截面。

连接设备外露可导电部分与设备外可导电部分的局部等电位连接线的截面应不小于相应 PE 线截面的一半。

PE 线、PEN 线和等电位连接线（WEB）及引至接地装置的接地干线等，在安装完成后，均应检测其导电性是否良好，绝不允许有不良或松动的连接。在水表、煤气表处，应采用跨接线。管道连接处，一般不需跨接线，但若导电不良则应采用跨接线。

本章小结

电气安全包括供配电系统的安全、用电设备的安全和人身安全等方面。要保证安全用电必须采用相应的安全措施。电气工作人员应掌握必要的触电急救技术，一旦发生人身触电事故，便于现场急救。

在供配电系统中，会产生危及电气设备绝缘的过电压。过电压分为内部过电压和外部过电压两类。内部过电压又分为操作过电压和谐振过电压两种，其能量均来自电网本身。外部过电压又称雷电过电压，雷电过电压有直击雷过电压、感应雷过电压和雷电波侵入等形式。为防止雷电过电压，可装设避雷装置（避雷针、避雷线、避雷器）加以防护。

电气设备的接地是供配电系统的重要组成部分，它对电气设备的正常运行，操作者的人身安全有着重要的作用。电气设备的接地按其作用的不同可分为工作接地和保护接地两大类。此外，还有为进一步保证保护接地的重复接地。

习题 9

1. 安全电流一般是多少？安全电流与哪些因素有关？

2. 什么是安全电压？安全特低电压一般在正常环境条件下是多少？

3. 什么是过电压？过电压有哪几类？它们分别是怎样产生的？

4. 什么是雷电波侵入？危害是什么？如何防护？

5. 什么是雷暴日？什么是年平均雷暴日数？多雷地区和少雷地区如何划分？

6. 接闪器通常有哪几种？避雷针、避雷线和避雷器各主要用在什么场所？

7. 避雷针（线）的工作原理是什么？

8. 试用滚球法确定单支避雷针的保护范围。

9. 避雷器的工作原理是什么？

10. 高压架空线路防雷措施有哪些？

11. 工厂变配电所采取哪些防雷措施？主要保护什么电气设备？

12. 电气设备为什么要接地？接地装置由哪些部分组成？

13. 工作接地和保护接地有什么不同？各有什么作用？

14. 工频接地电阻和冲击接地电阻的区别是什么？两者如何换算？

15. 什么是接触电压和跨步电压？

16. 为什么要采用接地故障保护？TN 系统、TT 系统和 IT 系统各自的接地故障保护有什么特点？

17. 什么是总等电位连接和局部等电位连接？适用场合是什么？其作用是什么？

附录 A 常用设备的主要技术数据

附表 1 用电设备组的需要系数及功率因数值

用电设备组名称	需要系数 K_d	最大容量设备台数 $x^{①}$	$\cos\varphi$	$\tan\varphi$
小批生产的金属冷加工机床电动机	0.16～0.2	5	0.5	1.73
大批生产的金属冷加工机床电动机	0.10～0.25	5	0.5	1.73
小批生产的金属热加工机床电动机	0.25～0.3	5	0.6	1.33
大批生产的金属热加工机床电动机	0.3～0.35	5	0.65	1.17
通风机、水泵、空压机及电动发电机组电动机	0.4～0.8	5	0.8	0.75
非连锁的连续运输机械及铸造车间整砂机械	0.5～0.6	5	0.75	0.88
连锁的连续运输机械及铸造车间整砂机械	0.65～0.7	5	0.75	0.88
锅炉房和机加、机修、装配车间的吊车（$\varepsilon=25\%$）	0.1～0.15	3	0.5	1.73
铸造车间的吊车（$\varepsilon=25\%$）	0.15～0.25	3	0.5	1.73
自动连续装料的电阻炉设备	0.75～0.8	2	0.95	0.33
实验室用的小型电热设备（电阻炉、干燥箱等）	0.7	—	1.0	0
工频感应电炉（未带无功补偿装置）	0.8	—	0.35	2.68
高频感应电炉（未带无功补偿装置）	0.8	—	0.6	1.33
电弧熔炉	0.9	—	0.87	0.57
电焊机、缝焊机	0.35	—	0.6	1.33
电焊机、铆钉加热机	0.55	—	0.7	1.02
自动弧焊变压器	0.5	—	0.4	2.29
单头手动弧焊变压器	0.35	—	0.35	2.68
多头手动弧焊变压器	0.4	—	0.35	2.68
单头弧焊电动发电机组	0.35	—	0.6	1.38
多头弧焊电动发电机组	0.7	—	0.75	0.88
生产厂房及办公室、阅览室、实验室照明②	0.8～0.1	—	1.0	0
变配电所、仓库照明②	0.5～0.7	—	1.0	0
宿舍（生活区）照明②	0.6～0.8	—	1.0	0
室外照明、应急照明②	1	—	1.0	0

① 若用电设备组的设备总台数 $n<2x$，则最大容量设备台数取 $x=n/2$，且按四舍五入规则取整数；

② 这里的 $\cos\varphi$ 和 $\tan\varphi$ 值均为白炽灯照明数据，若为荧光灯照明，则 $\cos\varphi=0.5$，$\tan\varphi=0.48$，若为高压汞灯、钠灯，则 $\cos\varphi=0.5$，$\tan\varphi=1.73$。

补偿前的功率因数	补偿后的功率因数				补偿前的功率因数	补偿后的功率因数			
	0.85	**0.90**	**0.95**	**1.00**		**0.85**	**0.90**	**0.95**	**1.00**
0.60	0.713	0.849	1.004	1.322	0.76	0.235	0.371	0.526	0.85
0.62	0.646	0.782	0.937	1.266	0.78	0.182	0.318	0.473	0.80
0.64	0.581	0.717	0.872	1.206	0.80	0.130	0.266	0.421	0.75
0.66	0.518	0.654	0.809	1.138	0.82	0.078	0.214	0.369	0.69
0.68	0.458	0.594	0.749	1.078	0.84	0.026	0.162	0.317	0.64
0.70	0.400	0.536	0.691	1.020	0.86	—	0.109	0.264	0.59
0.72	0.344	0.480	0.635	0.964	0.88		0.056	0.211	0.54
0.74	0.289	0.425	0.580	0.909	0.90		0.000	0.155	0.48

附表 3　BW 型并联电容器的技术数据

型　号	额定容量/kvar	额定电容/μF	型　号	额定容量/kvar	额定电容/μF
BW0.4-12-1	12	240	BWF6.3-30-1W	30	2.4
BW0.4-12-3	12	240	BWF6.3-40-1W	40	3.2
BW0.4-13-1	13	259	BWF6.3-50-1W	50	4.0
BW0.4-13-3	13	259	BWF6.3-100-1W	100	8.0
BW0.4-14-1	14	280	BWF6.3-120-1W	120	9.63
BW0.4-14-3	14	280	BWF10.5-22-1W	22	0.64
BW6.3-12-1TH	12	0.96	BWF10.5-25-1W	25	0.72
BW6.3-12-1W	12	0.96	BWF10.5-30-1W	30	0.87
BW6.3-16-1W	16	1.28	BWF10.5-40-1W	40	1.15
BW10.5-12-1W	12	0.35	BWF10.5-50-1W	50	1.44
BW10.5-16-1W	16	0.46	BWF10.5-100-1W	100	2.89
BWF6.2-22-1W	22	1.76	BWF10.5-120-1W	120	3.47
BWF6.2-25-1W	25	2.0			

注：1：额定频率均为 50Hz；2：并联电容器全型号表示和含义。

附表 4　S10 系列 35/0.4kV 铜绕组低损耗电力变压器的技术数据

型　号	额定电压/kV		连接组标号	空载损耗/kW	负载损耗/kW	短路阻抗/%	空载电流/%
	高压及分接范围	低压					
S10-50/35				0.19	1.15/1.21		2.0
S10-100/35				0.26	1.92/2.02		1.80
S10-125/35				0.31	2.26/2.38		1.70
S10-160/35	35～38.5 ±5% 或 ±2×2.5%	0.4	Yyn0 Dyn11	0.32	2.69/2.83	6.5	1.60
S10-200/35				0.39	3.16/3.33		1.50
S10-250/35				0.46	3.76/3.96		1.40
S10-315/35				0.55	4.53/4.77		1.40
S10-400/35				0.66	5.47/5.76		1.30
S10-500/35				0.77	6.58/6.93		1.20
S10-630/35				0.94	7.87		1.10

续表

型　号	额定电压/kV		连接组标号	空载损耗/kW	负载损耗/kW	短路阻抗/%	空载电流/%
	高压及分接范围	低压					
S10-800/35	35～38.5 ±5% 或 ±2×2.5%	0.4	Yyn0 Dyn11	1.11	9.40	6.5	1.00
S10-1000/35				1.30	11.54		1.00
S10-1250/35				1.58	13.94		0.90
S10-1600/35				1.91	16.67		0.80
S10-2000/35				2.30	19.6		0.70
S10-2500/35				2.75	23.17		0.60

注：斜线下方的数据适用于 Dyn11 联结组。

附表5　常用高压断路器的主要技术参数

类别	型　号	额定电压/kV	额定电流/A	额定短路分断电流（有效值）/kA	额定峰值耐受电流/kA	额定短时耐受电流（有效值）/kA	固有分闸时间/ms	合闸时间/ms
真空户内	ZN12-40.5	40.5	1250、1600、2000	25	63	25（4s）	70	85
	ZN72-40.5		1250、1600	25	63	25（4s）	70	85
	ZN40-12		630	16	50	16（4s）	50	55
	ZN41-12		1250	20	50	20（4s）		
	ZN28-12		630、1250	25	63	25（4s）	60	120
			1250、1600、2000	31.5	80	31.5（4s）		
	ZN48A-12		630、1250	20	50	16（4s）	50	55
			630、1250	25	63	20（4s）		
			1600、2000	31.5	80	31.5（4s）		
			1600、2000、2500	40	100	40（4s）		
2000kV	ZN63A-12 I	12	630	16	40	16（4s）	50	55
	ZN63A-12 II		630、1250	25	63	25（4s）		
	ZN63A-12III		1250	31.5	100	31.5（4s）		
	HVA-12		630、1250	25	50	25（4s）	45	70
	VSI-12		630、1250	20	50	20（4s）	≤50	≤100
	VD4-12①		630、1250、1600	25	63	25（4s）	≤60	≤80
			1600、2000、2500	31.5	80	31.5（4s）		
	VB2-12②		630、1250	31.5	80	31.5（4s）		
			1250、2000、2500	40	100	40（4s）		
六氟化硫户内	LN2-40.5 I	40.5	1250	16	40	16（4s）	≤60	≤150
	LN2-40.5 II		1250	25	63	25（4s）	≤60	≤150
	LW36-40.5		1600	25	31.5	25（4s）	60	150
			3150	63	80	31.5（4s）		

类别	型 号	额定电压/kV	额定电流/A	额定短路分断电流（有效值）/kA	额定峰值耐受电流/kA	额定短时耐受电流（有效值）/kA	固有分闸时间/ms	合闸时间/ms
六氟化硫户内	HD4/Z-40.5①	40.5	1250、1600、2000	25	63	25（4s）	45	
	SF1-40.5②		630、1250	25	50	20（4s）	65	≤0.15
少油户内	SN10-35 I	35	1000	16	45	16（4s）	≤60	≤200
	SN10-35 II		1250	20	50	20（4s）	≤70	≤250
	SN10-10 I	10	630	16	40	16（4s）	≤60	≤150
			1000	16	40	16（4s）	≤60	≤200
	SN10-10 II		1000	31.5	80	31.5（2s）	≤60	≤200
	SN10-10III		1250					
			2000	40	125	40（4s）	≤70	≤200
			3000					

注：① ABB 中国有限公司产品；② 施耐德（中国）投资有限公司产品。

附表 6 常用高压隔离开关的主要技术参数

型号	额定电压/kV	额定电流/A	额定峰值耐受电流/kA	4s 额定短时耐受电流（有效值）/kA	操动机构型号
GN27-40.5	40.5	630	50	20	CS6-2T（CS6-2）
		1250	80	31.5	
		2000	100	40	
GW4-40.5		630	50	20	CS6-2T（CS6-2）
		1000	63	25	
		1250	80	31.5	
GN19-12	12	400	31.5	12.5	CS6-1T（CS6-1）
		630	50	20	
		1000	80	31.5	
		1250	100	40	
		2000	120	50	
GN30-12		400	31.5	12.5	CS6-1T（CS6-1）
		630	50	20	
		1000	80	31.5	
		1250	80	31.5	

附表7 常用高压熔断器的主要技术参数

附表7-1 XRNT1型变压器保护用户内高压限流插入式熔断器的技术数据

型　号	额定电压/kV	熔断器额定电流/A	熔体额定电流/A	最大分断电流有效值/kA
XRNT1-12	12	63	6.3、10、16、20、25、31.5、40、50、63	50
		125	50、63、80、100、125	
		200	160、200	
		315	250、315	

附表7-2 XRNP型电压互感器保护用户内高压限流插入式熔断器的主要技术参数

型　号	额定电压/kV	熔断器额定电流/A	熔体额定电流/A	最大分断电流有效值/kA
XRNP1-7.2	7.2	4	0.2、0.3、0.5、1、2、3.15、4	50
XRNO1-12	12	4	0.2、0.3、0.5、1、2、3.15、4	
XRNP1-40.5	40.5	4	0.2、0.3、0.5、1、2、3.15、4	
XRNP2-7.2	7.2	10	0.5、1、2、3.15、5、7.5、10	50
XRNP2-12	12	10	0.5、1、2、3.15、5、7.5、10	
XRNP2-40.5	40.5	5	0.5、1、2、3.15、5	

附表7-3 户外高压跌开式熔断器的主要技术参数

型　号	额定电压/kV	额定电流/A	分断电流/kA	分合负荷电流/A
RW3-12	12	100	6.3	—
		200	8.0	
RW11-12		100	6.3	—
		200	12.5	
RW12-12		100	6.3	—
		200	12.5	
RW20-12		100	10	—
		200	12	
RW10-12（F）		100	6.3	100
		200	10	200

附表8 常用电流互感器的主要技术参数

型　号	额定一次侧电流/A	级次组合	额定二次侧负荷/V·A			1s额定短时耐受电流有效值/kA	额定峰值耐受电流/kA
			0.2级	0.5级	10P级		
LCZ-35（Q）	200	0.2/0.5 0.2/10P 0.5/10P 10P/10P	30	50	50	18	45
	300					24	60
	400					36	90
	600					48	120
	800		50	50	50	48	120

型　号	额定一次侧电流/A	级次组合	额定二次侧负荷/VA			1s 额定短时耐受电流有效值/kA	额定峰值耐受电流/kA
			0.2 级	0.5 级	10P 级		
LZZB-35	150	0.2/0.5 0.2/3 0.2/10P 0.5/10P	30	50	20	13	33.2
	200					19.5	49.7
	300					26	66.3
	400					39	99.5
	500					52	112
LZZBJ6-10	10～100	0.2/10P 0.5/10P 0.2/0.5/10P	10	15	20	24	44
	150、200、300		10	15	20	31.5	80
	400、500、600		15	20	20	44.5	80
	800					44.5	80
	1200、1500		20	30	30	63	110
LZZBJ9-12	30	0.2/10P 0.5/10P	10	10	15	4.5	11.25
	40					6	15
	50					7.5	18.75
	75					11.25	28.125
	100					15	37.5
	150					22.5	56.25
	200					30	75
	300、400、600					45	112.5
	800、1000、1250		15	15	20	100	250
LMZB6-10	1500	0.5/10P		50	50	50	90
	2000			50	50		
	3000			50	50		
	4000			60	60		

附表 9　常用电压互感器的主要技术参数

型　号	额定电压/V			额定容量（cosφ=0.9）/V·A			最大容量/（V·A）	联结组
	一次线圈	二次线圈	辅助线圈	0.5 级	1 级	3 级		
JDZJ-6	6000/√3	100/√3	100/3	50	80	200	400	1/1/1-12-12
JDZB-6								
JDZJ-10	10000/√3	100/√3	100/3	50	80	200	400	
JDZB-10								
JSJW-6	6000/√3	100/√3	100/3	80	150	320	640	Y0/Y0/△
JSJW-10	10000/√3	100/√3	100/3	120	200	480	960	1/1/1-12-12
JDZ-6	6000	100	—	50	80	200	400	1/1-12
JDZ-10	10000	100	—	80	120	300	500	1/1-12
JDZZ-35	35000	100	100/3	30	50	50	400	1/1-12

附表 10　常用低压熔断器的主要技术参数

型　号	额定电压/V	额定电流/A		最大分断电流/kA
		熔断器	熔　体	
RT14	交流 500	20	2、4、6、8、10、12、16、20	100
		32	2、4、6、8、10、12、16、20、25、32	
		63	16、20、25、32、40、50、63	
RT16	交流 500、660	100	4、6、10、16、20、25、32、40、50、63、80、100	120（500V）50（660V）
		160	4、6、10、16、20、25、32、40、50、63、80、100、125、160	
		250	80、100、125、160、200、250	
		400	125、160、200、250、315、400	
		630	315、400、500、630	
RT18	交流 500	32	2、4、6、10、16、20、25、32	50
		63	2、4、6、10、16、20、25、32、40、50、63	
RT19		16	2、4、6、8、10、16	50
		63	10、16、20、25、32、40、63	
		125	25、32、40、50、63、80、100、125	
RT20		160	4、6、10、16、20、25、32、40、50、63、80、100、125、160	120
		250	80、100、125、160、200、250	
		400	125、160、200、250、315、400	
		630	315、400、500、630	
RL6	交流 500	16	2、6、10、16	50
		25	2、6、10、16、20、25	
		63	20、25、32、40、50、63	
		100	50、63、80、100	

附表 11　常用低压断路器的主要技术参数

附表 11-1　CM2 系列塑料外壳式低压断路器的主要技术参数

型　号	壳架等级额定电流 I_{nm}/A	断路器（脱扣器）额定电流 I_n/A	热动脱扣器整定电流 I_{r1} 调节范围/A	电磁脱扣器整定电流 I_{r3} 调节范围/A		额定短路分断能力 I_{cs}/kA
				配　电　用	电动机保护用	
CM2-63L	63	10	$10I_n$	$10I_n\pm20\%$	$12I_n\pm20\%$	35
CM2-63M		16、20、25、32	$(0.8\sim0.9\sim1.0)I_n$			50
CM2-63H		40、50、63				70
CM2-125L	125	16、20、25	$(0.8\sim0.9\sim1.0)I_n$			35
CM2-125M		32、40、50				50
CM2-125H		63、80、100、125				70
CM2-225L	225	125、140、160 180、200、225	$(0.8\sim0.9\sim1.0)I_n$	$(5\sim6\sim7\sim8\sim9\sim10)$ $I_n\pm20\%$	$(10\sim12\sim14)$ $I_n\pm20\%$	35
CM2-225M						50
CM2-225H						70

型号	壳架等级额定电流 I_{nm}/A	断路器（脱扣器）额定电流 I_n/A	热动脱扣器整定电流 I_{r1} 调节范围/A	电磁脱扣器整定电流 I_{r3} 调节范围/A		额定短路分断能力 I_{cs}/kA
				配电用	电动机保护用	
CM2-400L	400	225、250、315 350、400	(0.8～0.9～1.0)I_n			50
CM2-400M						70
CM2-400H				(5～6～7～8～9～10)I_n±20%	(10～12～14)I_n±20%	75
CM2-630L	630	400、500、630	(0.8～0.9～1.0)I_n			50
CM2-630M						70
CM2-630H						75

注：① 按短路分断能力 CM2 系列断路器分三个级别：L 代表标准型，M 代表较高分断型，H 代表高分断型；

② CM2 系列断路器热动脱扣器具有反时限特性；电磁脱扣器为瞬时动作。

附表 11-2　配电用 CM2 系列断路器保护特性数据

壳架等级额定电流 I_{nm}/A	断路器（脱扣器）额定电流 I_n/A	热动型脱扣器		电磁脱扣器动作电流 I_{r3}/A
		$1.05I_{r1}$（冷态）不动作时间/h	$1.30I_{r1}$（热态）不动作时间/h	
63	10≤I_n≤63	1h 内不动作	≤1	$10I_n$±20%
125	10≤I_n<63	1h 内不动作	≤1	
	I_n=63	1h 内不动作	≤1	
	63<I_n≤125	2h 内不动作	≤2	
225	125≤I_n≤225	2h 内不动作	≤2	(5～6～7～8～9～10)I_n±20%
400	225≤I_n≤400	2h 内不动作	≤2	
630	400≤I_n≤630	2h 内不动作	≤2	

附表 11-3　电动机保护用 CM2 系列断路器保护特性数据

壳架等级额定电流 I_{nm}/A	断路器（脱扣器）额定电流 I_n/A	热动型脱扣器					电磁脱扣器动作电流 I_{r3}/A
		$1.0I_{r1}$ 不动作时间（冷态）/h	$1.20I_{r1}$ 不动作时间（热态）/h	$1.50I_{r1}$ 不动作时间（热态）/min	$7.2I_{r1}$ 不动作时间（冷态）/s	脱扣级别	
63	10≤I_n≤63						$10I_n$±20%
125	16≤I_n<63	2h 内不动作	≤2	≤4	4<T_1≤10	10	
	63≤I_n≤125						(10～12～14)I_n±20%
225	125≤I_n≤225						
400	225≤I_n≤400			≤8	6<T_1≤20	20	
630	400≤I_n≤630						

附表 11-4　CM2 系列断路器脱扣器方式及内部附件代号

脱扣器方式及内部附件代号	附件名称	脱扣器方式及内部附件代号	附件名称
208、308	报警触头	270、370	欠电压脱扣器，辅助触头
210、310	分励脱扣器	218、318	分励脱扣器，报警触头

脱扣器方式及 内部附件代号	附 件 名 称	脱扣器方式及内 部附件代号	附 件 名 称
220、320	辅助触头	228、328	辅助触头，报警触头
230、330	欠电压脱扣器	238、338	欠电压脱扣器，报警触头
240、340	分励脱扣器，辅助触头	248、348	分励脱扣器，辅助触头，报警触头
250、350	分励脱扣器，欠电压脱扣器	268、368	两组辅助触头，报警触头
260、360	两组辅助触头	278、378	欠电压脱扣器，辅助触头，报警触头

注：① CM2 系列断路器脱扣器方式及内部附件代号用三位表示，第一位数表示过电流脱扣器形式，后两位数表示内部附件形式。200 表示 CM2 断路器仅有电磁脱扣器，300 表示 CM2 断路器带有热动电磁脱扣器；

② 对于 CM2-400 及 CM2-630，其中 248、348、278、378 规格中辅助触头为一对触头（即一常开一常闭），268、368 规格中的辅助触头为三对触头（即三常开三常闭）；

③ 对于 CM2-63、CM2-125 及 CM2-225，其中 220、320、240、340、270、370 规格中辅助触头可供两对触头（即二常开二常闭），260，360 可供三对触头（即三常开三常闭）。

附表 11-5　CW2 系列智能型万能式低压断路器的主要技术参数

型　　号	壳架等级 额定电流 I_{nm}/A	断路器（脱扣器）额定电流 I_n/A	额定短路分断能力 I_{cs}/kA		额定短时耐受电流 $I_{cw}/kA/1s$	
			400V	690V	400V	690V
CW2-1600	1600	200、400、630、800、1000、1250、1600	50	25	42(0.5s)	25(0.5s)
CW2-2000	2000	630、800、1000、1250、1600、2000	80	50	60	40
CW2-2500	2500	1250、1600、2000、2500	85	50	65	50
CW2-4000	4000	2000、2500、2900、3200、3600、4000	100	75	85	75
CW2-6300	6300	4000、5000、6300	120	85	100	85

注：① CW2 系列智能型断路器智能控制器有 L25、M25、M26、H26、P25、P26 型，具有过电流保护、负荷监控、显示和测量、报警及指示、故障记忆、自诊断、谐波分析等功能。

② I_n=200,400,630,800,1000A，断路器具有电动机保护型，其 U_N=400V。

附表 11-6　CW2 系列长延时反时限动作特性数据

额定电流 I_{r1} 调整范围		L25 型		(0.65～1)I_n 按每级 5% 递变调整			
		M25、M26、H26、P25、P26 型		(0.4～1)I_n 按每级 10A 递变调整			
动作时间允 差±15%	电流	动作时间					
	1.05I_{r1}	2h 内不动作					
	1.3I_{r1}	<1h 动作					
	1.5I_{r1}	整定时间 $t1$	15	30	60	120	240	480
	2.05I_{r1}	动作时间	8.4	16.9	33.7	67.5	135	270
	6.05I_{r1}	动作时间	0.94	1.88	3.75	7.5	15	30
	7.2I_{r1}	动作时间	0.65	1.3	2.6	5.2	10	21
	脱扣级别			10	10	20	30
	热模拟功能	≤10min（断电可消除）					

注：① 长延时反时限动作特性以 1.5I_{r1} 的整定时间 t_1 为基准。

② 脱扣级别对应于电动机保护型断路器。

附表 11-7 CW2 系列短延时动作特性数据

额定电流 I_{r2} 调整范围		L25 型		(1.5～10)I_{r1}+OFF 按 1.5、2、3、4、5、6、8、10 倍 I_{r1} 递变调整				
		M25、M26、H26、P25、P26 型		(0.4～15)I_{r1}+OFF 按每级 20A 递变调整				
动作时间允差±10%	电流		动作时间					
	$I \geqslant I_{r2}$，$I \leqslant 8I_{r1}$	反时限	$T_2 = (8I_{r1})^2 t_2 / I^2$					
动作时间允差±15%	$I \geqslant I_{r2}$，$I > 8I_{r1}$	定时限	整定时间 t_2/s	0.1	0.2	0.3	0.4
	$I \geqslant I_{r2}$，$I \leqslant 8I_{r1}$		可返回时间/s	0.06	0.14	0.23	0.35
热模拟功能		≤5min（断电可消除）						

注：在低倍数电流时为反时限特性，当过载电流大于 $8I_{r1}$ 时，自动转换为定时限特性；短延时特性可"OFF"，此时呈定时限特性。

附表 11-8 CW2 系列瞬时动作特性数据

整定电流 I_{r3} 调整范围 动作时间充差±15%	L25 型	(3～15)I_{r1} 按 3、4、5、8、10、12、15 倍 I_{r1} 递变调整
	M25、M26、H26、P25、P26 型	1.6～35kA（CW2-1600）+OFF
		2～50kA（CW2-2000）+OFF
		2.5～50kA（CW2-2500）+OFF
		4～65kA（CW2-4000）+OFF
		6.3～80kA（CW2-6300）+OFF
		按每级 100A 递变调整

附表 12 常用架空线路导线的电阻及电抗（环境温度 20℃）

单位：Ω/km

号线型号	LJ 型导线电阻	几何均距/m									TJ 型导线电阻	导线型号
1. LJ、TJ 型架空线路导线的电阻及正序电抗（环境温度 20℃）												
		0.6	0.8	1.0	1.25	1.5	2.0	2.5	3.0	3.5		
LJ-16	1.98	0.358	0.377	1.391	0.405	0.416	0.435	0.449	0.46	—	—	1.2	TJ-16
LJ-25	1.28	0.345	0.363	0.37	0.391	0.402	0.421	0.435	0.446	—	—	0.74	TJ-25
LJ-25	0.92	0.336	0.352	0.366	0.380	0.391	0.410	0.424	0.425	0.445	0.453	0.54	TJ-25
LJ-50	0.64	0.325	0.341	0.355	0.365	0.380	0.398	0.413	0.423	0.433	0.441	0.39	TJ-50
LJ-70	0.46	0.315	0.331	0.345	0.359	0.370	0.388	0.399	0.410	0.420	0.428	0.27	TJ-70
LJ-95	0.34	0.303	0.319	0.334	0.347	0.358	0.377	0.390	0.401	0.411	0.419	0.20	TJ-95
LJ-120	0.27	0.297	0.313	0.327	0.341	0.352	0.368	0.382	0.393	0.403	0.411	0.158	TJ-120
LJ-150	0.21	0.287	0.312	0.319	0.333	0.344	0.363	0.277	0.388	0.398	0.406	0.123	TJ-150

号线型号	导线电阻	几何均距/m								
2. LGJ 型架空线路导线的电阻及正序电抗（环境温度 20℃）									
		1.0	1.5	2.0	2.5	3.0	3.5	4.0	4.5
LGJ-35	0.85	0.366	0.385	0.403	0.417	0.429	0.438	0.446	
LGJ-50	0.65	0.353	0.374	0.392	0.406	0.418	0.427	0.425	
LGJ-70	0.45	0.343	0.364	0.382	0.396	0.408	0.417	0.425	0.433
LGJ-95	0.33	0.334	0.353	0.271	0.385	0.397	0.406	0.414	0.422
LGJ-120	0.27	0.326	0.347	0.265	0.379	0.391	0.400	0.408	0.416
LGJ-150	0.21	0.319	0.340	0.358	0.372	0.384	0.398	0.401	0.409
LGJ-185	0.17				0.365	0.377	0.386	0.394	0.402
LGJ-240	0.132				0.357	0.369	0.378	0.386	0.394

附表 13-1　铜、铝及钢芯铝导体的允许载流量（环境温度+25℃，最高允许温度+70℃）

铜导体			铝导体			钢芯铝导体	
导线型号	载流量/A		导线型号	载流量/A		导线型号	载流量/A
	屋外	屋内		屋外	屋内		屋外
TJ-16	130	100	LJ-16	105	80	LGJ-16	105
TJ-25	180	140	LJ-25	135	110	LGJ-25	135
TJ-35	220	175	LJ35	170	135	LGJ-35	170
TJ-50	270	220	LJ-50	215	170	LGJ-50	220
TJ-70	340	280	LJ-70	265	215	LGJ-70	275
TJ-95	415	340	LJ-95	325	260	LGJ-95	335
TJ-120	485	405	LJ-120	375	310	LGJ-120	380
TJ-150	570	480	LJ-150	440	370	LGJ-150	445
TJ-185	645	550	LJ-185	500	425	LGJ-185	515
TJ-240	770	650	LJ-240	610	—	LGJ-240	610

附表 13-2　单片涂漆矩形导体立放时的允许载流量（最高允许温度+70℃）

矩形导体尺寸（宽×厚）/mm×mm	铝导体（LMY）载流量/A				铜导体（TMY）载流量/A			
	环境温度				环境温度			
	25℃	30℃	35℃	40℃	25℃	30℃	35℃	40℃
40×4	480	451	422	389	625	587	550	506
40×5	540	507	475	483	700	659	615	567
50×5	665	625	585	593	860	809	756	697
50×6.3	740	695	651	600	955	898	840	774
63×6.3	870	818	765	705	1125	1056	990	912
63×8	1025	965	902	831	1320	1240	1160	1070
63×10	1155	1085	1016	935	1475	1388	1300	1195
80×6.3	1150	1080	1010	932	1480	1390	1300	1200
80×8	1320	1240	1160	1070	1690	1590	1490	1370
80×10	1480	1390	1300	1200	1900	1786	1670	1540
100×6.3	1425	1340	1155	1455	1810	1700	1590	1470
100×8	1625	1530	1430	1315	2080	1955	1830	1685
100×10	1820	1710	1600	1475	2310	2170	2030	1870
125×8	1900	1785	1670	1540	1400	2255	2110	1945
125×10	2070	1945	1820	1680	2650	2490	2330	2150

注：矩形导体平放时，宽为 63mm 以下，载流量应乘 95%，宽为 63mm 以上时，载流量应乘 92%。

附表 14　常用 10kV 三芯电缆的允许载流量

项　目		电缆允许载流量/A							
绝缘类型		黏性油浸纸		不滴流纸		交联聚乙烯			
钢铠护套						无		有	
缆芯最高工作温度		60℃		65℃		90℃			
敷设方式		空气中	直埋	空气中	直埋	空气中	直埋	空气中	直埋
缆芯截面 /mm²	16	42	55	47	59	—	—	—	—
	25	56	75	63	79	100	90	100	90
	35	68	90	77	95	123	110	123	105
	50	81	107	92	111	146	125	141	120
	70	106	133	118	138	178	152	173	152
	95	126	160	143	169	219	182	214	182
	120	146	182	168	196	251	205	246	205
	150	171	206	189	220	283	223	278	219
	185	195	233	218	246	324	252	320	247
	240	232	272	261	290	378	292	373	292
	300	260	308	295	325	433	332	428	328
	400	—	—	—	—	506	378	501	374
	500	—	—	—	—	579	428	574	424
环境温度		40℃	25℃	40℃	25℃	40℃	25℃	40℃	25℃
土壤热阻系数 /（℃·m·W）		—	1.2	—	1.2	—	2.0	—	2.0

注：1. 本表系铝芯电缆数值，钢芯电缆的允许载流量可乘以 1.29。

附表 15　架空裸导线的最小允许截面

线 路 类 型		导线最小截面/mm²		
		铝及铝合金线	钢芯铝线	铜绞线
35kV 及以上线路		35	35	35
3～10kV 线路	居民区	35	25	25
	非居民区	25	16	16
低压线路	一般	15	16	16
	与铁路交叉跨越挡	35	16	16

附表 16　绝缘导线线芯的最小允许截面

线 路 类 别		芯线最小截面/mm²		
		铜芯软线	铜　线	铝　线
照明用灯头引下线	室内	0.5	1.0	2.5
	室外	1.0	1.0	2.5

线 路 类 别			芯线最小截面/mm²		
			铜 芯 软 线	铜 线	铝 线
移动式设备线路	生活用		0.75	—	—
	生产用		1.0	—	—
敷设在绝缘支持件上的绝缘导线（L 为支持点间距）	室内	L≤2m	—	1.0	2.5
	室外	L≤2m	—	1.5	2.5
		2m<L≤5m	—	2.5	4
		5m<L≤15m	—	4	6
		15m<L≤25m		6	10
穿管敷设的绝缘导线			1.0	1.0	2.5
沿墙明敷的塑料护套线			—	1.0	2.5
板孔穿线敷设的绝缘导线				1.0（0.75）	2.5
PE 线和 PEN 线	有机械保护时		—	1.5	2.5
	无机械保护时	多芯线	—	2.5	4
		单芯干线	—	10	16

附表 17　电缆在不同土壤热阻系数时的载流量校正系数

土壤热阻系数 / (C·m·W⁻¹)	分类特征（土壤特性和雨量）	校 正 系 数
0.8	土壤很潮湿，经常下雨，如湿度大于 9% 的沙土，湿度大于 14% 的沙泥土等。	1.05
1.2	土壤潮湿，规律性下雨，如湿度大于 7% 但小于 9% 的沙土，湿度为 12%～14% 的沙泥土等。	1.0
1.5	土壤较干燥，雨量不大，如湿度为 8%～12% 的沙泥土等。	0.93
2.0	土壤干燥，少雨，如湿度大于 4% 但小于 7% 的沙土，湿度为 4%～8% 的沙泥土等。	0.87
3.0	多石地层，非常干燥，如湿度小于 4% 的沙土等。	0.75

附表 18　电缆的载流量校正系数

附表 18-1　电缆埋地多根并列时的载流量校正系数

电缆外皮间距	电 缆 根 数					
	1	2	3	4	5	6
无间隙	1	0.75	0.65	0.60	0.55	0.50
一根电缆外径	1	0.80	0.70	0.60	0.55	0.55
125mm	1	0.85	0.75	0.70	0.65	0.60
250mm	1	0.90	0.80	0.75	0.70	0.70
500mm	1	0.95	0.85	0.80	0.80	0.80

附表 18-2　电缆空气中单层多根并列敷设时的载流量校正系数

并 列 根 数		1	2	3	4	5	6
电缆中心距	$S=d$	1.00	0.90	0.85	0.82	0.81	0.80
	$S=2d$	1.00	1.00	0.98	0.95	0.93	0.90
	$S=3d$	1.00	1.00	1.00	0.98	0.97	0.96

附表 18-3　电缆桥架上无间距配置多层并列时的载流量校正系数

叠置电缆层数		1	2	3	4
桥架类别	梯架	0.8	0.65	0.55	0.5
	托盘	0.7	0.55	0.5	0.45

附表 19　常用的电磁式电流继电器的主要技术参数

型　号	整定范围/A	线圈串联/A		线圈并联/A		返回系数	时间特性	最小整定值时消耗的功率/V·A	接点规格
		动作电流	长期允许电流/A	动作电流	长期允许电流/A				
DL-7 DL-31 DL-32	0.002 5～200 0.002 5～200	0.002 5～100 0.002 45～100	0.02～20 0.02～20	0.005～200 0.004 9～200	0.04～40 0.04～40	0.8 0.8	是整定电流 1.1 倍时，t=0.12s；2 倍时，t=0.04s	0.08～10	1 开，1 闭 1 开 1 开，1 闭

附表 20　常用的电磁式时间继电器的主要技术参数

型　号	电流种类	额定电压/V	整定范围/s	热稳定性/V		功率消耗	接点规格	接点容量	接点的长期容许电流/A
				长期	2min				
DS-31C～34C	直流	24、48、110、220	0.125～20	110%额定电压	110%额定电压	25W	1 常开	220V，小于 1A 时，100W	主接点 5，瞬时接点 3
DS-35C～38C	交流	100、110、127、220	0.125～20	110%额定电压	110%额定电压	20V·A	1 常开	220V，小于 1A 时，100W	主接点 5，瞬时接点 3

附表 21　常用的电磁式中间继电器的主要技术参数

型　号	直流额定电压/V	接点数目		消耗功率/W	动作电压/V	热稳定性	线圈电阻/Ω	接点容量			
		常开	常闭					负荷特性	电压/V		长期通过电流/A	最大开路电流/A
									直流	交流		
DZ-203 DZ-206	24、110、220、380 24～100	2 4	2	额定电压时 16	0.7额定电压	长时间110%额定电压	100～10000 100～2150	无感负荷 有感负荷	220 110 220 110	 220 110	5 5 5 5 5	1 5 0.5 5 10

型号	直流额定电压/V	常开	常闭	消耗功率/W	动作电压/V	热稳定性	线圈电阻/Ω	负荷特性	电压/V 直流	电压/V 交流	长期通过电流/A	最大开路电流/A
DZB-213	24、48、110、220	2	2	电压线圈5 电流线圈2.5	0.7额定电压	电流线圈在3倍于额定值（1A、2A、4A）时，可历时2S		无感负荷	220		5	1
									110		5	5
								有感负荷	220		5	0.5
									110	220	5	5
										110	5	10
DZS-216	24、48、110、220	4		电压线圈3	0.7额定电压	长时间110%额定电压		无感负荷	220			
									110			
								有感负荷	220		5	0.5
									110	220	5	4
										110	5	5
											5	10
DZS233	24、48、110、220	2	4	电压线圈5	0.7额定电压	长时间110%额定电压		无感负荷	220			
									110			
								有感负荷	220		2	0.5
									110	220	2	4
										110	2	5
										110	3	10

附表22　常用的电磁式信号继电器的主要技术参数

型点	接点规格	功率消耗/W	接点容量	电流继电器 动作电流/A	长期电流/A	电阻/Ω	热稳定/A	电压继电器 额定电压/V	动作电压/V	长期电流/A	电阻/Ω	热稳定/V
DX-31	不常开	0.3（电流继电器）3（电压继电器）	220V，2A时30W（直流）220V·A（交流）	0.01~1	0.03~3	0.2~2200	0.062~6.25	220~12	132~7.2	242~13.5	28000~87	110%额定电压
DX-41	不常开	0.3（电流继电器）2.2（电压继电器）	220V，2A时30W（直流）220V·A（交流）	0.01~1	0.03~3	0.2~2200	0.062~6.25	220~12	132~7.2	242~13.5	28000~87	110%额定电压

附表 23　常用的感应式电流继电器的主要技术参数

| 型　号 | 额定电流 /A | 整　定　值 | | 速断电流 倍数 | 返回 系数 |
		动作电流/A	10 倍动作电流的动作 时间/s		
GL-11/10、GL-21/10	10	4、5、6、7、8、9、10	0.5、1、2、3、4	2~8	0.85
GL-11/5、GL-21/5	5	2、2.5、3、3.5、4、4.5、5			
GL-15/10、GL-25/10	10	4、5、6、7、8、9、10	0.5、1、2、3、4		0.8
GL-15/5、GL-25/5	5	2、2.5、3、3.5、4、4.5、5			

参考文献

[1] 唐志平主编. 供配电技术（第三版）[M]. 北京：电子工业出版社，2013.

[2] 张祥军编著. 企业供电系统及运行[M]. 北京：中国劳动社会保障出版社，2007.

[3] 李润生编著. 供配电技术[M]. 北京：清华大学出版社，2017.

[4] 关大陆主编. 工厂供电[M]. 北京：清华大学出版社，2006.

[5] 刘介才主编. 工厂供电[M]. 北京：机械工业出版社，2015.

[6] 江文，许慧中主编. 供配电技术[M]. 北京：机械工业出版社，2009.

[7] 周瀛，李鸿儒主编. 工业企业供电（第2版）[M]. 北京：冶金工业出版社，2002.

[8] 刘介才主编. 工厂供用电实用手册[M]. 北京：中国电力出版社，2000.

[9] 姚锡禄主编. 工厂供电[M]. 北京：电子工业出版社，2003.

[10] 梅俊涛主编. 企业供电系统及运行（第三版）[M]. 北京：中国劳动社会保障出版社，2001.

[11] 徐滤非主编. 供配电系统[M]. 北京：机械工业出版社，2007.

[12] 李友文主编. 工厂供电[M]. 北京：化学工业出版社，2001.

[13] 杨其富主编. 供电与照明线路及设备维护[M]. 北京：中国劳动社会保障出版社，2000.

[14] 何首贤，葛廷友，姜秀玲主编. 供配电技术[M]. 北京：中国水利水电出版社，2005.

[15] 中国国家标准汇编（含修订本）[M]. 北京：中国标准出版社，1983～2001.

[16] 电气制图国家标准汇编[M]. 北京：中国标准出版社，2001.

[17] 张祥军、关大陆主编. 供配电应用技术[M]. 北京：科学出版社，2011.